人工智能的发展及前景展望

陈兴稣　王雪峰◎著

吉林出版集团股份有限公司
全国百佳图书出版单位

图书在版编目（CIP）数据

人工智能的发展及前景展望 / 陈兴稣，王雪峰著 .
长春：吉林出版集团股份有限公司，2024.8. -- ISBN
978-7-5731-5682-2

Ⅰ . TP18

中国国家版本馆 CIP 数据核字第 20244W2U73 号

人工智能的发展及前景展望
RENGONG ZHINENG DE FAZHAN JI QIANJING ZHANWANG

著　　者	陈兴稣　王雪峰
责任编辑	黄　群　杜　琳
封面设计	张　肖
开　　本	710mm×1000mm　　1/16
字　　数	200 千
印　　张	12.25
版　　次	2025 年 1 月第 1 版
印　　次	2025 年 1 月第 1 次印刷
印　　刷	天津和萱印刷有限公司

出　　版	吉林出版集团股份有限公司
发　　行	吉林出版集团股份有限公司
地　　址	吉林省长春市福祉大路 5788 号
邮　　编	130000
电　　话	0431-81629968
邮　　箱	11915286@qq.com
书　　号	ISBN 978-7-5731-5682-2
定　　价	74.00 元

版权所有　翻印必究

前 言

随着科技的不断发展，人工智能逐渐成为当今社会的热门话题之一。人工智能以其独特的优势，在医疗、金融、教育、交通等领域发挥着重要的作用，同时为市场发展带来了巨大的商业机会。随着技术的不断进步和数据的逐渐积累，人工智能的应用范围将进一步扩大，还可以通过不断学习和优化自身的算法和模型，提高自己的智能水平。人工智能的发展需要人类和机器之间的良好合作和相互信任，同时也需要伦理和道德的考量，确保人工智能在合理范围内发挥作用。总体来说，人工智能具有广阔的前景和巨大的发展空间。它将持续为社会经济发展、科学研究和人类生活带来新的机遇和变革。同时，人工智能的发展也需要持续的投入和跨领域合作，以推动科学技术的进一步创新和应用。未来，人工智能技术将继续发展和演进，还会有更多的技术被开发出来，帮助提高人工智能系统的安全性和可信性，同时创造新的工作机会。因此，我们需要更好地引导人工智能技术的发展，以确保它能为人类带来最大的益处。

本书第一章为人工智能概述，分别从人工智能的学科内涵、人工智能的历史发展、人工智能产业发展总体状况三个方面展开介绍；第二章为人工智能的研究，主要介绍了四个方面的内容，依次是人工智能的基本原理、人工智能的研究方法、人工智能的研究目标和内容、人工智能的研究现状；第三章为人工智能的关键技术及发展，分别从人工智能关键技术概述、人工智能关键技术发展现状、人工智能关键技术发展趋势三个方面展开介绍；第四章为人工智能的应用及发展，主要介绍了四个方面的内容，依次是人工智能在制造行业的应用及发展、人工智能在汽车行业的应用及发展、人工智能在医疗行业的应用及发展、人工智能在教育行业的应用及发展；第五章为人工智能的多领域前景展望，主要从人工智能在自然语言处理领域的发展前景、人工智能在图像处理领域的发展前景、人工智能与

5G通信技术的融合发展前景、人工智能在社会设计领域的发展前景、人工智能在电气自动化领域的发展前景五个方面展开介绍。

  在撰写本书的过程中，作者参考了大量的学术文献，得到了许多专家、学者的帮助，在此表示真诚的感谢。由于作者水平有限，书中难免有疏漏之处，希望广大同行与读者指正。

目 录

第一章　人工智能概述 ... 1
　第一节　人工智能的学科内涵 ... 1
　第二节　人工智能的历史发展 ... 8
　第三节　人工智能产业发展总体状况 ... 28

第二章　人工智能的研究 ... 35
　第一节　人工智能的基本原理 ... 35
　第二节　人工智能的研究方法 ... 57
　第三节　人工智能的研究目标和内容 ... 63
　第四节　人工智能的研究现状 ... 65

第三章　人工智能的关键技术及发展 ... 73
　第一节　人工智能关键技术概述 ... 73
　第二节　人工智能关键技术发展现状 ... 81
　第三节　人工智能关键技术发展趋势 ... 89

第四章　人工智能的应用及发展 ... 95
　第一节　人工智能在制造行业的应用及发展 ... 95
　第二节　人工智能在汽车行业的应用及发展 ... 105
　第三节　人工智能在医疗行业的应用及发展 ... 117
　第四节　人工智能在教育行业的应用及发展 ... 129

第五章 人工智能的多领域前景展望 135
第一节 人工智能在自然语言处理领域的发展前景 135
第二节 人工智能在图像处理领域的发展前景 146
第三节 人工智能与5G通信技术的融合发展前景 164
第四节 人工智能在社会设计领域的发展前景 167
第五节 人工智能在电气自动化领域的发展前景 178

参考文献 185

第一章 人工智能概述

人工智能（Artificial Intelligence，简称 AI），是一门新兴技术科学，致力于研究和开发能够模拟、扩展甚至超越人类智能的理论、技术、方法和应用系统。随着科技的飞速发展，"人工智能"备受瞩目。本章为人工智能概述，分别从人工智能的学科内涵、人工智能的历史发展、人工智能产业发展总体状况三个方面展开介绍。

第一节 人工智能的学科内涵

人工智能极具复杂性和挑战性，所涉领域也非常广泛，包括机器学习、计算机视觉等，所以要想深入研究，我们要先掌握计算机科学、哲学和心理学的相关知识。有些复杂的工作需要人类智能去完成，而研究人工智能最重要的目的便是促使机器去完成。值得注意的是，对于"复杂工作"这一概念，不同的时代和个体有不同的认知。

一、学科概念

我们可以从"人工"和"智能"两个概念来理解人工智能。"人工"这一概念相对直观，通常不会引起太多争议。人们有时会思考：人类制造出来的是哪些，人类是否能以自身的智能水平创造出具备高度智能的人工系统。

对于"智能"的概念，争议比较大，它涵盖了诸多问题，比如思维、自我、意识等。但人们普遍认为，目前所了解和认知的智能仅限于人类自身的智能。

"智能"的概念最早可追溯到 17 世纪莱布尼茨有关智能的设想。首先是对"Intelligence"的一种重要区分，即强调计算机与信息科学、数学和生物学（泛指

> 人工智能的发展及前景展望

应用科学、技术、工程)等语境下的"智能",如机器智能、类人类(水平)智能,并不仅仅是心理学范畴下的"智力"或自然智能。

《计算机与通信词典》(Computer Science and Communications)科学规范地阐述了"Intelligence"的内涵,第一层内涵是指由诸多资源汇聚而来的信息;第二层内涵是指这些信息应是经过验证的、有价值的、有时效性的、经过处理的信息。如此来看,"Intelligence"聚焦于信息本身,从本体论的角度来看,技术环境下的"智能"实际上是一种信息处理的独特展现形式。

从自然意义上而言,自然智能指人类通过自身智力,收集和处理不确定信息并输出新信息以改变基本生存需求,是人类在本体(或近体环境)上实现自身智力的信息处理过程,是人对人本身的信息反馈。

从技术意义上而言,智能虽然同样需要人类通过自身智力对信息源进行处理,但是其输入、输出对象不再是人类本体,而是无生命的机器或者类生命体。这要求人们对自身智力有全面的认识,能够将这种全面的认识赋予机器或者类生命体,创造出智能机或者智能体,实现人机或机机交互的智能表现。就目前的科学技术发展和人类对认知能力的挖掘而言,技术智能实现正走向类人或无限接近人类水平的智能体。

美国斯坦福大学人工智能研究中心尼尔逊(Nilsson)教授对人工智能下了这样一个定义:"人工智能是关于知识的学科——怎样表现知识以及怎样获得知识并科学地使用知识。"[1] 而美国麻省理工学院的温斯顿(Winston)教授认为:"人工智能就是研究如何使计算机去做过去只有人才能做的智能的工作。"[2] 从他们的论述中能够看出人工智能学科所涵盖的思想和内容。人工智能研究的是如何使用计算机软件和硬件模拟人类智慧行为,它旨在构建具有一定智能水平的人工系统,帮助计算机胜任以往只有人类才能完成的复杂工作。

二、学科定位

人工智能诞生于20世纪50年代,这门学科具有技术性和综合性,所研究的是智能机器和机器智能,所涉及的学科涵盖思维科学、认知科学、生物科学、系

---

[1] 马岩松.元宇宙未来应用[M].北京:中华工商联合出版社,2022.
[2] 陈喜棠.总工程师技术管理[M].天津:天津大学出版社,2019.

统科学、信息科学和心理学等。当前，人工智能已经在众多领域取得了举世瞩目的重大成果，如自然语言处理、知识处理、自动程序设计、自动定理证明、模式识别、专家系统、智能机器人等，其发展方向呈多样化趋势。

三、学科功能及相关性

作为计算机学科的重要组成部分，人工智能在20世纪70年代被视为世界三大尖端技术之一，此外，还有空间技术和能源技术。人工智能不仅应用于众多学科领域，而且取得了巨大成就，无论是在理论上还是实践上，它都有一个完整的系统，所以可以称其为一个独立的学科。

人工智能致力于探索计算机模拟人类思考、学习、推理等智能行为和思维过程，通过计算机的智能原理，制造出具有人脑智能的计算机，使其得到更高级别的应用。人工智能所涵盖的学科不只是计算机科学，还有心理学、语言学、哲学等学科，囊括了社会科学和自然科学的全部学科。就人工智能和思维科学的关系来看，人工智能是思维科学在技术应用层面上的具体体现，存在实践与理论的紧密联系。就思维视角来看，要想使人工智能的发展更长远，人工智能的思维必须顾及形象思维和灵感思维，而不能固化在逻辑思维上。在众多学科当中，最为基础的学科之一便是数学，数学的应用范围非常广泛，涉及模糊数学、标准逻辑、思维领域和语言领域，当然还有人工智能领域，人工智能学科离不开数学工具的辅助和支撑，它们互相促进，从而更快地发展。

当讨论智能的意义是什么，或者谈及智能的特点和标准在哪里的时候，但凡有科学技术背景的研究者都会不约而同地提起"艾伦·图灵"这个名字，其在智能科学技术领域的地位已无须多言。一般来说，人们对图灵机的创造以及图灵检验有较为统一的认识，即智能的标准。在现代智能概念形成的初期，图灵在其最重要的文章中写道："我建议来考虑这个问题：机器能思考吗？"[1] 图灵的真正目的是找到一个可操作（关于智能存在）的标准（当然这个标准至今依然被认为是唯一的可行标准）；如果一台机器"表现得"和一个能思考的人一样，那么就几乎可以将其认定为是在"思考"的。如此，智能概念的意义从人的智能延伸到了机器表征，使其通过信息处理和计算分析与人的智能相互联系。

---

[1] 谢塑，江渝川. 大学计算机 计算思维与应用 [M]. 重庆：重庆大学出版社，2017.

"机器学习"的数学基础是统计学、信息论和控制论，还包括其他非数学学科。这类"机器学习"对"经验"的依赖性很强。计算机需要不断从解决一类问题的经验中获取知识，学习策略，在遇到类似的问题时，运用经验知识解决问题并积累新的经验。我们可以将这样的学习方式称为"连续型学习"。但人类除了会从经验中学习，还会创造，即"跳跃型学习"，这在某些情形下被称为"灵感"或"顿悟"。一直以来，计算机最难学会的就是"顿悟"，或者再严格一些来说，计算机在学习和"实践"方面难以学会"不依赖于量变的质变"，很难从一种"质"直接到另一种"质"，或者从一个"概念"直接到另一个"概念"。正因如此，这里的"实践"并非同人类一样的实践。人类的实践过程同时包括经验和创造，这是智能化研究者梦寐以求的东西。

人工智能在计算机领域得到了愈加广泛的重视，并在机器人、经济政治决策、控制系统、仿真系统中得到应用。

四、学科知识交叉延伸

（一）人工智能知识体系

人工智能作为一门综合性的学科，囊括了众多学科，如信息论、控制论、计算机科学、神经心理学、语言学、哲学等，当然，也会延展出一些新理论和新技术。人工智能是思维科学理论的具体实践，是思维科学在技术应用层面上的具体体现。人工智能可以拓展人脑的功能，使脑力劳动自动化得以实现。

人工智能涉及的学科较多，与多学科有着交叉关系。它在多个领域均取得了显著的成果，如机器学习、机器视觉、模式识别、Web知识发现、自然语言理解、航空航天等。人工智能的理论知识极其丰富，研究方法多种多样，所产生的学术流派也很多。

从思维的视角来看，人工智能除了逻辑思维，还应具备灵感思维和形象思维，这一结论可以从人工智能知识体系（表1-1-1）得出。在人工智能这个"大家族"中，涵盖诸多基础理论、学科分支、应用领域、重大成果等内容，倘若把人工智能家族比作树，那树的最终节点便是智能机器。根据相关学科、理论知识、研究成果、算法以及人工智能知识体系，我们可将人工智能划分为五个知识单元，即问题求解、知识与推理、学习与发现、感知与理解、系统与建造。

表 1-1-1　人工智能知识体系

知识单元	相关学科	理论基础	描述	成果及算法
问题求解	图搜索	启发式搜索	问题空间中进行符号推演	博弈树搜索、AI 算法
	优化搜索	智能计算	以计算方式随机进行求解	遗传算法、粒子群算法
知识与推理	知识表示 知识图谱	一阶谓词逻辑 描述逻辑 产生式系统框架 语义网络	知识表示可看成一组描述事物的约定，把人类知识表示成机器能处理的数据结构	WordNet、RDF、医学知识图谱 UMLS
学习与发现	机器学习	符号学习	符号数据为输入，进行推理，学习概念或规则	决策树、机械学习、类比学习、归纳学习
		连接学习	通过学习调节网络内部权值，使输出呈现规律性	BP 算法、Hopfield 网络
		统计学习	将学习性与计算复杂性联系	支持向量机
	知识发现、数据挖掘	机器学习、智能计算、粗集和模糊集模式识别	用搜索方法从数据库或数据集中发现的知识或模式	分类、聚类、关联规则、序列模式
感知与理解	模式识别	机器学习	提取对象类特征，机器学习产生分类知识，对待识别模式进行类别判决	通过模式、判别函数、统计、神经网络等方法识别指纹、人脸、语音及文字等
	自然语言理解	知识表达、推理方法	通过关键字匹配、句法分析、语义分析等方法进行理解	机器翻译、语音理解程序
	机器视觉	图像处理、模式识别、机器学习	由低层视觉提取对象特征，通过机器学习理解视觉对象	3D 景物建模与识别、机器人装配、卫星图像处理

续表

知识单元	相关学科	理论基础	描述	成果及算法
系统与建造	专家系统	产生式系统	专家知识放入知识库，推理机对用户提问进行推理和解释，中间数据放入数据库	基于规则、基于模型和基于框架专家系统
	Agent系统	知识表示、推理、机器学习、模式识别	Agent是封装的实体，感知环境并接收反馈，运用自身知识问题求解。与其他Agent协同	Agent理论、多Agent协同系统
	智能机器人	Agent理论	具有感知机能、运动机能、思维机能、通信机能	智能机器、自动导航无人飞机

（二）人工智能的伦理与哲学

在人工智能飞速发展的背景下，人们对其也产生了一定的质疑。当前社会的焦点问题之一便是机器伦理和机器道德。

1. 伦理的概念

伦理一词，英文称为"ethics"，这一词源自希腊文的"ethos"，有习惯、风俗之意。在西方诸多伦理学流派当中，具有代表性的有唯意志主义伦理流派、实用主义伦理学流派、进化论伦理学流派和存在主义伦理学流派，代表人物分别是叔本华、詹姆斯、斯宾塞和海德格尔。其中，影响最为深远的是以自由为中心的存在主义伦理学流派，其指出价值的唯一源泉是自由。

在《尚书》和《周易》中，我们找到了我国有关"伦、理"的论述。人们的关系即为伦，"伦理纲常"和"三纲五伦"中的伦是指人伦；道理、条理即为理，也就是人们所遵守的行为准则。不同学派对伦理的阐述有不同的观点，"仁、孝、悌、忠、信"和道德修养是儒家所推崇的，"兼相爱，交相利"是墨家所提倡的，人性本恶和法治高于教化是法家所倡导的。

作为哲学的一部分，伦理是对社会道德现象和规律的研究，有利于人类关系的构建；作为一种价值观，它还能制约、影响人类的各种行为。因此，我们应加深对伦理的相关研究。倘若我们心中没有伦理，那社会的秩序和人伦便无从谈起。

2. 人工智能伦理

许多学者在人工智能伦理这一概念提出之前，就研究过机器和人的关系，也阐述过自己的观点。在1950年出版的《人有人的用途：控制论与社会》这本书中，维纳提出了他的看法：自动化技术很可能会导致人脑贬值。在20世纪70年代，德雷福斯从生物和心理学的视角指出，人工智能必将失败，这一结论可以从他发表的文章《炼金术与人工智能》和《计算机不能做什么》中看出。然而，《走向机器伦理》这篇文章正式提出了机器伦理（人工智能伦理）这一概念，机器伦理即为机器在与人类使用者以及其他机器互动过程中所产生的行为结果。安德森作为该文的作者之一指出，日渐智能化的机器，不仅需要肩负社会责任，还需要具备伦理观念，促使机器在智能决策中更好地服务于人类及其自身。来自英国的计算机专家诺埃尔·夏基在2008年提出倡议，在机器（人）层面，人类要抓紧拟定相关的伦理道德准则。2023年，联合国在推动各国凝聚共识、探讨安全风险和治理合作方面取得一定进展。3月，联合国教科文组织号召各国立即执行该组织于2021年11月发布的《人工智能伦理问题建议书》。7月，联合国首次举行由人形机器人与人类一同参加的新闻发布会，9个人形机器人接受了参会专家和各路媒体的提问；举办"人工智能造福人类"全球峰会，讨论未来人工智能的发展和治理框架；安理会就人工智能对国际和平与安全的潜在威胁举行首场公开辩论。10月，联合国秘书长古特雷斯宣布组建人工智能高级别咨询机构，全球39名专家加入，共商人工智能技术风险与机遇，为加强国际社会治理提供支持。由此可见，联合国已经将人工智能伦理纳入全球治理议程，未来将推动形成更加正式、更有约束力的组织及治理规范。近年来，人工智能伦理越来越受到国内学者的关注和重视，出现了许多有关的文献论述，如《人权：机器人能够获得吗？》《机器人技术的伦理边界》《人工智能与法律问题初探》《给机器人做规矩了，要赶紧了？》《我们要给机器人以"人权"吗？》等。通过上述文献我们发现，我国学者在伦理研究方面有了重大转变，他们不再关注单纯的技术伦理问题，而是开始深入探讨人机交互关系中的伦理问题，这说明我国在人工智能伦理研究领域取得显著进步。

3. 人工智能哲学

在20世纪，西方科学哲学的研究方向发生变化，侧重于语言研究和认知研究。人们在研究认识论时逐渐减少形而上学的影响，强调与科学研究逐步协同发展。在当今人工智能科学研究中，最为基础的就是认知研究，它旨在深入探讨人脑意识活动的内在结构和运作过程，以理清人类智慧、情感和意愿这三个要素的综合作用，为人工智能专家提供参考，从而使他们能够以形式化的方式表达这些意识过程。对意识结构及其运作机制的研究是人工智能成功模拟人类意识的第一步任务。意识究竟是如何实现可能的呢？塞尔说道："说明某物是如何可能的最好方式，就是去揭示它如何实际地存在。"① 这就使认知科学获得了推进人工智能发展的关键性意义，这也是认知转向为什么会发生的最重要原因。

哲学与诸多学科存在交叉关系，如人工智能、认知神经科学、认知心理学等，使哲学对人类意识活动的整个过程及其各种因素的认识与理解贯穿于计算机科学与技术发展的始终，无论是在物理符号系统与专家系统层面，还是生物计算机与量子计算机层面，人工智能的进步依赖于哲学对人类心灵的探究。

第二节 人工智能的历史发展

很久以前，人类就已经开始研究人工智能，但计算机的诞生才是真正实现人工智能的起源，它为人类智能的实现提供了广阔的空间和无限的可能。1956年，美国达特茅斯大学在一次重要会议中，正式提出"Artificial Intelligence"这一英文术语。自此，人工智能作为专业术语，开始在计算机科学领域崭露头角。

一、人工智能的历史发展

（一）孕育时期（1956年之前）

古往今来，人类一直在探索如何利用技术和智慧来协助机器运作一部分脑力劳动，从而增强对自然界的掌控。

人类智慧发展到一定程度时，自然而然想到利用机器来代替部分人类的脑力劳动，将人类智力的反馈结果转移到机器上。这种想法对于人工智能早期的

---

① 郑祥福，洪伟．"认识论的自然化"之后：哲学视野中的智能及其模拟[M]．上海：上海三联书店，2005．

发展有重要影响。

在人工智能的诞生和发展上，有一些极具影响力的研究，主要有以下几个方面：

公元前，著名哲学家亚里士多德（Aristotle）撰写了《工具论》，指出形式逻辑的部分定律，影响最深远的是三段论，在演绎推理中发挥重要作用。

12—13 世纪，卢乐（Romen Luee），一位西班牙逻辑学家和神学家，曾尝试设计一种通用逻辑机，以应对各种挑战。

16—17 世纪，归纳法被英国哲学家培根（F.Bacon）正式提出，使人工智能的研究方向发生转变，转向知识研究。

17 世纪，世界首台机械加法器诞生了，制造者是法国数学家和物理学家帕斯卡（Blaise Pascal）。随后，德国哲学家、数学家莱布尼茨（G.W.Leibniz）在此基础上成功制造了计算器，它能进行四则运算的计算。莱布尼茨提出通过符号体系来推理对象的特点，这是对逻辑机的设计构想，而后他被世人视为数学逻辑的首位奠基者，主要是因为现代化"思考"机器起源于他独特的思想观念，即"万能符号""推理计算"。

19 世纪初，英国数学家和力学家巴贝奇（C.Babbage）研究差分机和分析机，尽管受当时条件的影响并未研制成功，但当时他的设计理念代表了人工智能的最高水平。

1854 年，英国逻辑学家布尔（G.Boole）建立并发展了命题逻辑。

19 世纪末期，弗雷格（Frege）提出用机械推理的符号表示系统，从而发明了大家现在熟知的"谓词演算"。

1936 年，年仅 24 岁的英国数学家图灵在他的论文《理想计算机》中提出了著名的图灵机模型。1945 年，他进一步论述了电子数字计算机设计思想。1950 年，他又在《计算机能思维吗？》一文中提出了机器能够思维的论述，可以说这些都是图灵为人工智能所作出的杰出贡献。

1938 年，德国青年工程师楚泽（Zuse）研制成了第一台累计数字计算机 Z-1，后来又进行了改进，到 1945 年他又发明了 Plankalkuel 程序语言。此外，1946 年美国数学家莫克利（J.W.Mauchly）和艾克特（J.P.Eckert）制成了世界上第一台电子数字计算机 ENIAC（埃尼阿克）。还有同一时代美国数学家维纳控制论的创立、美国数学家香农信息论的创立等，这一切都为人工智能学科的诞生作出巨大贡献。

（二）形成时期（1956—1969年）

1956年是人工智能发展史上值得纪念的一年，当时麻省理工学院的年轻数学助教、后任斯坦福大学教授的麦卡锡和他的三位朋友：明斯基（明斯基哈佛大学年轻的数学和神经学家，后为麻省理工学院教授）、罗彻斯特（IBM公司信息研究中心负责人）和香农（贝尔实验室信息部数学研究员）共同发起，邀请IBM公司的摩尔和塞缪尔（A.Samuel）、麻省理工学院的塞弗里奇和所罗门诺夫以及RAND公司和卡内基梅隆大学的纽厄尔和西蒙（H.A.Simon）（后均为卡内基梅隆大学教授）等人，在美国达特茅斯大学举行了人类历史上第一次人工智能研讨会。历经两个月的深入探讨，在麦卡锡的倡议下，"人工智能"这个专业术语被正式采纳，这标志着人工智能学科的诞生。自此之后，美国便涌现出多个研究人工智能的研究组，包括塞缪尔和格伦特所带领的IBM公司工程课题研究组、纽厄尔和西蒙领导的Carnegie-RAND协作组、明斯基和麦卡锡在麻省理工学院成立的研究组等。在这段时间里，人工智能的研究工作主要聚焦于以下几项内容：

1956年，IBM小组成员塞缪尔所钻研的是西洋跳棋程序。该程序展现出了卓越的自学习、自组织和自适应能力，它既具备顶尖棋手的前瞻思维，更具备强大的学习能力。在对大约175 000种不同的棋局进行分析后，它甚至能预测出棋谱中推荐的走步，准确度高达48%，这无疑是机器模拟人类学习的一次杰出尝试。该程序于1959年战胜了它的设计者，于1962年打败了美国的一位跳棋大师。

1957年，纽厄尔和西蒙等心理学家组成的小组成功开发出一个名为逻辑理论机（The Logic Theory Machine）的数学定理证明程序，该程序对罗素和怀特海所著《数学原理》一书第二章中的38个定理进行了证明，这一里程碑式的成就标志着人工智能的真正开端。另外，这项程序于1963年做了修订，对该章的52个定理完成了所有证明。

1958年，《数学原理》书中关于命题演算的220条定理被美国华裔数理逻辑学家王浩在IBM-704计算机上进行了证明，而且他对谓词演算中150个定理的85%也进行了证明。

1959年，塞弗里奇推出了一个模式识别程序。

1960年，香农等人研制了通用问题求解程序GPS，它可以用来求解11种不同类型的问题。他们发现人们求解问题时的思维活动可分为三个阶段，还首次提出了启发式搜索的概念。

和这些工作有联系的纽厄尔关于自适应象棋机的论文和西蒙关于问题求解与决策过程中合理选择及环境影响的行为理论的论文，也是当时信息处理研究方面取得的巨大成就。

1959年，在麻省理工学院小组，麦卡锡发明的表（符号）处理语言LISP，成为人工智能程序设计的主要语言，至今仍被广泛采用。1958年麦卡锡建立的行动计划咨询系统以及1960年明斯基的论文《走向人工智能的步骤》，对人工智能的发展都起到积极的作用。

此外，1956年乔姆斯基的语法体系、1958年塞弗里奇等人的模式识别系统程序等，都对人工智能的研究产生有益的影响。这些早期成果，充分表明人工智能作为一门新兴学科正在茁壮成长。

1965年，鲁滨孙（Robinson）提出了"归结原理"，为定理的机器证明作出了很大的贡献。同年，还有美国斯坦福大学的费根鲍姆（E.A.Feigenbaum）开始专家系统DENDRAL的研究，该系统于1968年完成并投入使用。该专家系统能根据质谱仪的实验，通过分析推理决定化合物分子结构。其分析能力已接近甚至超过有关化学专家的水平，并在美国和英国得到了实际应用。该专家系统的研制成功不仅为人们提供了一个实用的智能系统，而且对知识的表示、存储、获取、推理以及利用等技术是一次非常有益的探索，为以后专家系统的建造树立了榜样，对人工智能的发展产生了深刻的影响，其意义远远超出了系统本身在实用上所创造的价值。

此外，在人工智能形成时期，有一项里程碑式的事件值得被提及，那就是1969年创办的国际人工智能联合会议（International Joint Conference on Artificial Intelligence，简称IJCAI），这项会议说明世人已认可人工智能学科，标志着其在学术界地位的确立。

（三）发展时期（1970年之后）

1970年后，人工智能的发展并不是一帆风顺的，科学家们以期更高发展之时，却是困难重重。比如，塞缪尔所研制的下棋程序，在与世界冠军的五局对战中，被击败了四局。机器翻译的研究也没有像人们当初想象的那么简单。归结原理中的归纳法能力，也并非人们认为的那么高深，它在证明微积分中的"连续函数之和仍连续"这一定理时，进行了10万步的推理，但仍无结论。尽管遭遇到这么多挫折，但是科学家们仍然没有放弃，他们不仅加强了基础理论研究，而且在很多领域做了很有成效的工作，掌握了大量各方面的知识，扎扎实实地进行研究工作，大量的研究成果不断涌现出来。这个时期出现了不少有代表性的成就，在1970年，世界上首个专家系统诞生了，它是由化学家杰拉西（C.Djerassi）、莱贝格（J.Leberberg）以及斯坦福大学教授费根鲍姆所研发。这个系统蕴含丰富的化学理论知识，能够以质谱数据为依据协助化学家进行分子结构的推理。此后，在全球众多大学和工业界的化学实验室中，我们都能够看到它的身影。

1972年，自然语言理解系统被吴兹（W.Woods）成功研发出来。该系统可以查询月球地质数据，辅助地质学家对阿波罗11号在月球上采集的岩石标本成分进行深入分析，解答用户的各种疑问。该系统的数据库中有13 000条化学分析规则和10 000条文献论题索引，是第一个采用扩充转移网络ATN和过程语义学思想、第一个采用普通英语与机器对话人机接口的系统。

1974年，另一种表示知识的方法诞生了，即框架理论（画面理论），由明斯基提出，它拥有宽泛的描述范围，能应用于诸多问题当中。1976年，物理符号系统假设理论被纽厄尔和司马贺所提出，指出智能行为的展现必须结合物理符号系统。如此来看，人的神经系统、计算机构造系统等其他信息加工系统，都可以被视为一个具体的物理系统。

20世纪70年代初，在自然语言理解层面，司马贺、肖克（R.C.Schank）和维诺格拉德（T.Winograd）等人做了大量研究，其中值得一提的是维诺格拉德提出的用于自然语言理解的积木世界程序。在知识表示技术层面，相关的研究有很多，如昆利恩（Quillian）的语义记忆网络结构、格林（Green）的一阶谓词演算语句、司马贺的语义网结构、肖克的概念网结构、明斯基的框架系统分层组织结构等。从1968年的DENDRAL系统以来，专家系统就备受瞩目，成为人工智能得以实际应用的重要领域。1977年，科学家开始深入钻研和开发专家系统和知识库系统，这得益于费根鲍姆知识工程（Knowledge Engineering）的提出。除此之外，还有一些重要研究课题取得显著成就，如自动程序设计、自然语言理解、智能机器人等。专家系统的出现，使人们产生了计算机能代替人类完成工作的认知与意识。随着计算机硬件功能的逐步提升，人工智能可以开展医疗诊断、统计分析数据等相关活动，逐渐成为人们生活中不可或缺的一部分，给人类带来重要影响和改变。人工智能还涉足模糊控制、决策支持等领域。在这个时期，还有一个重要的人工智能语言被开发，那就是与 LISP 语言拥有同等地位的 Prolog 语言，二者共同成为人工智能从业者必备的工具。基于知识的智能系统，对其研究和建立产生主要影响的是"知识工程"概念，这一概念是费根鲍姆在 1977 年第五届国际人工智能联合会议上所提出的。

20 世纪 80 年代以来，人工神经元网络的相关研究有了巨大的发展。1982 年，全新的神经元网络模型被生物物理学家霍普菲尔德（Hopfield）研发出来，所以这个模型也叫霍普菲尔德模型，它以其独特的能量单调下降特性，被广泛应用于优化问题的近似计算中。霍普菲尔德在 1985 年运用这种模型，成功攻克了"旅行商"（TSP）问题。次年，鲁姆哈特（Rumelhart）创新性地提出了"反向传播"（Back Propagation，BP）学习算法，在多层人工神经元网络的学习中，解决了很多难题，因此迅速成为神经元网络领域广泛应用的经典学习算法。自此，对于人工神经元网络的研究，掀起全国性的热潮，有很多全新的神经元网络模型被研制，这些模型也得到了诸多领域的运用，如故障诊断、模式识别、智能控制等。1997 年，由 IBM 公司研发的"深蓝"计算机引起全球广泛关注，是因为它在正式比赛中，第一次击败了人类国际象棋世界冠军卡斯帕罗夫，这也代表了人工智能系统在一些领域中具备世界最高水平。

人工智能在这一时期取得实质性的进展，这与众多的学术交流息息相关。比如国际人工智能联合会和欧洲人工智能学会（European Conference on Artificial Intelligence，简称 ECA）分别在 1969 年和 1974 年举办了第一次学术会议，此后都是每两年召开一次会议。与此同时，为了推动人工智能领域的研究与发展，很多国家纷纷建立属于自己国家的人工智能学术组织。

在人工智能刊物方面，国际性期刊《人工智能》于 1970 年被创办，爱丁堡大学不定期出版《机器智能》（Machine Intelligence）杂志，还有国际人工智能联合会议文集、欧洲人工智能会议文集等。此外，《计算机协会》（ACM）、《美国联邦信息处理学会》(AFIPS)和《美国电气和电子工程师协会》(IEEE)等刊物也刊载了人工智能的研究成果。在人工神经网络、计算智能和机器学习等领域的深入研究下，人工智能各个流派之间观点的碰撞日趋激烈，这种学术争鸣有益于人工智能研究的多元化发展。

二、人工智能的冬天（1987—1993）

自图灵开创了数字计算机和通用计算机的思想到20世纪70年代初，人工智能在符号计算和神经计算两条道路上都取得了辉煌的成就，这段时期被后世称为人工智能的"黄金时代"。1957年，西蒙曾有一段激动人心的宣言："我的目标不是使你惊讶或震惊——我能概括的最简单的方式是说现在世界上就有机器能思考、学习和创造。而且它们做这些事情的能力将快速增长，直到可以预见的未来——它们能处理的问题范围将扩展到人类思想已经得到应用的范围。"[①] 宣言的效力一直持续到20世纪70年代，历史似乎想要再一次证明盛极必衰的规律，随后人工智能的研究因学科内、外因素的共同作用进入了一段研究热情的大规模衰退时期，这一时期被后世称为"一次人工智能冬天"。

确切地说，"人工智能冬天"这一术语是由那些经历过1974年社会研究热情大规模衰退的人工智能科学家提出的，面对20世纪80年代兴起的社会对专家系统异乎寻常的研究热情，为了警示随之可能发生的巨大落差而创造的词汇，是对当时那种研究困境的称呼。不幸的是，警示一语成谶，人工智能研究随后迎来了一次更彻底的"冬天"，以至于整个人工智能领域不得不化整为零，以计算机科学为平台成了"幕后的技术"。

1956年被认为是人工智能领域创立的一年，因为这一年夏天在达特茅斯学院举办了第一次人工智能领域的专题会议，并正式将自动计算机、机器语言、神经网络、效率计算、自进化、抽象以及随机性和创造性等方向的研究统一于人工智能这一术语所表征的研究领域。但达特茅斯会议只能算作人工智能从前科学时期进入常规科学时期的过程中的一步，人工智能真正的创立过程早在图灵时代就已经开始，并且在达特茅斯会议之后仍然在继续。

---

① 搜狐.无中生有的自觉与主动——人类"智能"的本质[EB/OL].（2018-12-28）[2023-09-10].https://www.sohu.com/a/278561876_100243786.

（一）常规科学范式的统一

1936年，图灵正式公布自己的"通用图灵机"思想之前，所有关于智能的研究都集中在人文领域。即便一些早期的计算机器的设计，也因其设计目标、前置科学和通用性等问题，没能有效地产生对智能研究的影响。《论可计算数及其在判定性问题上的应用》的开创性贡献就体现在两点：第一点，图灵机本身是一台假想中的机器，其设计初衷是证明对于一阶逻辑并不存在通用判断过程，并且对图灵机概念的任何理解都不会对构建真正的计算机有任何帮助，因为数字计算机是由半导体管和其他一些如继电器和真空电子管等开关机制部件构建的。这些半导体管组装成逻辑口，从而实现简单的逻辑功能。寄存器和累加器等高层次的组件都是由这些逻辑口构成的。但当其成了后来被称为计算机科学的研究对象后，这种假想中的机器对理解计算理论产生了重大的辅助作用，这种作用延伸到人工智能领域后，更产生了一种直接的效应，这种效应被库恩称为学科的"形而上学范式或范式的形而上学部分"[①]。无论属于人工智能领域的符号计算学派，还是神经计算学派，图灵机的思想都被当作共同承诺的信念，并将其作为机器智能研究的共有模型和启发性的源泉。第二点，事实上该点已经暗含在第一点中了，通用化的思想为图灵机的应用建立了一个开放性的"形而上学范式或范式的形而上学部分"。因此，在图灵机被作为一种共有模型或启发性的源泉时，就产生了符号计算和神经计算两个出发点完全不同的学派，并能够将它们统一于人工智能这一术语所表征的研究领域。

共有价值具有两个显著特征：第一，即使团体成员并不都以相同方式应用共有价值，它们仍然是团体行为的重要决定因素；第二，个人的差异性在应用共有价值时，可能对科学起着必不可少的作用。我们可以认为，共有价值体现出的这种包容性来源于两个方面：一方面来源于形而上学，另一方面来源于个体的差异性。通用图灵机所具有的开放性，为符号计算学派和神经计算学派都提供了人工智能领域的合法地位，并预言了两者在研究的终极问题上所具有的相似性，以及在学科、学派的建设所体现的相似性。个体科学家差异性的来源需要具体到个人的人生经历、生存环境、学科背景等复杂的因素，因此在个体面对学派选择、反

---

① 郭会丽.论范式理论在武术研究中的应用[D].济南：山东师范大学，2008.

常现象与危机评价时就具有更大的偶然性。库恩认为："在这一类事情中，凭借共有价值而不是共有规则作为支配个人选择的依据，或许这正是共同体用以分散风险并保证其事业长期成功的途径。"[①] 因此，共同价值的形成、完善和体现需要经历一个实践的过程，这一过程依赖于科学发展的范式生成过程，具体来说就是不断出现的范例。

范例的内涵包括：其一，从属于学科基质，是作为一个学科领域不断培养接班人的工具；其二，构建学科领域过程中成功的经典实例，这一内涵也是第一种范例的基础。这些实例之所以能够成为人工智能领域的范例，主要依赖于它们作为共有价值的作用。

至此，标志着常规科学诞生的范式内涵只剩下一个，即符号概括。事实上，对符号的研究贯穿了整个人工智能领域的研究过程，无论是符号计算还是神经计算，都需要使用符号进行逻辑表达，区别在于两者的出发点，符号计算是设计了一套机器语言，而神经计算则是对人类神经网络的模拟。因此，虽然库恩指出："极为普遍的是，一门科学的力量看来随着其研究者所能使用的符号概括的数量的增加而增强。"[②] 但似乎人工智能领域恰恰属于不那么普遍的部分，并且随着符号概括的不断发展，学科内符号计算和神经计算两大学派的差异也越发显著。对此，库恩对常规科学范式的要求就显得尤为重要，即统一范式。

（二）学派战争

库恩认为："在任何科学发展的早期阶段，不同的人面临着同样范围的现象，尽管通常不都是完全相同的现象，但以不同的方式描述和论释它们。值得惊奇，也许是我们称作科学的领域内独一无二的是这些最初的分歧大部分总会消失的……它们的消失总是由前范式学派之一的胜利造成的，获胜的前一学派因为它的自身特征性的信念与成见，总是只强调那个庞大而又不发达的信息库中的某一

---

① 库恩（T.S.Kuhn）. 科学革命的结构 [M]. 李宝恒，纪树立，译. 上海：上海科学技术出版社，1980.
② 微信公众平台. 库恩 科学革命的结构 [EB/OL]. （2022-07-19）[2023-09-10].https：//mp.weixin.qq.com/s?__biz=MzUzODI3NjAxMA==&mid=2247521367&idx=1&sn=fb683e6dd0c642e69fa84cd92ed466bb&chksm=fad8ed92cdaf6484800eedd7ea8e13fc19986396ec600712ec58f1c5c0f670e386647f2d7689&scene=27.

特定部分。"[①]

　　人工智能领域的历史确证了范式统一的必然性，但其独特性使其中的过程不尽相同，原因在于人工智能研究的早期，符号计算和神经计算始终被公认为两个目标相同、方法不同、同样有效的学派。因此，两个学派之间的统一，主要是由于学派成员改信另一个范式造成的，并且被放弃的学派并没有消失，而是在依附于其他的学科领域进行研究。人工智能历史的一大戏剧性正在于经历过范式统一后，被放弃的学派在多年后竟然重新回归，并实现了新的范式统一。

　　符号计算学派和神经计算学派之间的竞争并非你死我活的相互攻讦或批判，而是一个通过不断形成新的范例进行的此消彼长的过程，达特茅斯会议在这一过程中有着十分重要的地位。1955年，麦卡锡、明斯基、罗彻斯特和香农联名发表了《达特茅斯人工智能夏季研究项目的提议》，计划在1956年夏天的达特茅斯学院举办一次为期两个月的人工智能研讨会。这篇提议列举了当时人工智能研究的主要关注点，分别是自动计算机、机器语言、神经网络、效率计算、自进化、抽象以及随机性和创造性。同时，这篇提议还提出了研讨会期间的主要议题，分别是应用信息论概念建立计算机和大脑模型、环境匹配——自动机器的大脑模型方法、机器执行中的创造性、创新或发现的过程以及机器中的随机性。虽然1956年的达特茅斯会议并没有像提议中期望的那样取得令人瞩目的成果，甚至该会议最有价值的成果只是将当时的各领域研究统一表征为人工智能这一术语，但对整个人工智能的历史而言，达特茅斯会议就像一个创立宣言，根据各种已经建立的范例总结该领域的研究内容、研究方向和研究方法，确立了符号计算和神经计算学派的合法性，更代表了这两个学派之间的"战争"由此开始。

　　历史上，先是符号派当权，经历了从自动定理证明到专家系统、知识表示、自然语言处理，是从学术到应用阶段的发展，但在商业上不赚钱。后面专家系统变身为规则引擎，知识表示变身为知识图谱，机器翻译完全由统计派主导。20世纪80年代，神经网络时代兴起，在感知机和后向传播解决理论问题后，许多领域模式识别成为可能，从问答（IBM Watson）、下棋（IBM Deep Blue、谷歌AlphaGo）、机器翻译与语言识别都非常成功，尤其互联网产生海量数据，从而深度学习、强化学习、遗传真法成为技术热点。

---

① 贺建芹.拉图尔眼中的科学行动者[M].济南：山东大学出版社，2014.

热点背后，需要冷静分析神经网络的优缺点。

首先，神经网络的理论基础。虽然理论上已经证明最少三层的神经网络在图灵机上是 NP 完全的，但它始终是个黑箱模型，只管用，但不能解释和描述内部原理，且缺少计算理论基础。

其次，神经网络的人工和天然区别。与大脑相比，人工神经网络的结构过于规整简单，层级太少，且枯燥无聊。更重要的是有些差异甚至我们现在还不知道。

最后，规则应用的差别。符号派适用于有规则的应用，神经网络派适合于不规则的应用。规则的认识又处于认识论层面。

达特茅斯会议之后，符号计算学派不断取得新的范例，无论是在学术领域还是整个社会，都产生了巨大的影响力；而神经计算学派则没有什么令人瞩目的成果，甚至在 1969 年，神经计算学派的代表人物明斯基在他和佩伯特的著作《感知器》中，更论述了感知器的局限性，对神经计算学派造成了致命打击。

人工智能学术共同体中的研究资源，随着符号计算学派不断取得的新范例，一点点向符号计算学派转移，直至 20 世纪 60 年代末，整个人工智能领域统一于符号计算学派的范式之下，神经计算学派逐渐走出了人们的视野，只有少数人仍然默默地进行研究。

（三）研究瓶颈与投资衰退

20 世纪 60 年代末 70 年代初，人工智能领域正式统一于符号计算学派的范式下，研究进入了常规科学时期。虽然这让整个人工智能领域的研究更有针对性，但整个学术领域的抗风险能力也变得十分脆弱，尤其是 20 世纪 60 年代中期大型机器翻译项目的失败、冷战造成的科研经费申请规则的变化以及著名的莱特希尔报告，一切指向人工智能领域的问题由于不存在其他人工智能研究方法，矛头都直指符号计算范式，自此人工智能研究陷入了一段艰难的时期，这段时期被称为第一次人工智能的冬天。

20 世纪 80 年代，人工智能研究经过了艰难的跋涉，被称为专家系统的智能程序重新登上了世界舞台，知识工程作为这种程序的核心，也成为人工智能研究的主流。与早期的所有人工智能研究不同，专家系统的成功在于从一开始就以解决现实问题为主，从首个专家系统 DENDRAL 开始就直接应用于各个领域，并逐渐形成了一系列支撑专家系统研究的商业机构，从根本上解决了研究经费的问题。1982年，第一个成功的商用专家系统 RI 在数据设备公司开始运行。该程序为新计算机系统配置订单；截至1986年，它每年为公司节省4000万美元左右。到1988年，数据设备公司的人工智能研究小组制作了40个专家系统。杜邦公司有100个专家系统在使用中，400个专家系统在开发中，每年估计节省1000万美元。几乎每个主要的美国公司都有自己的人工智能研究小组，并且正在使用或者投资开发专家系统。由于当时人工智能研究的首选语言是 LISP，所以这类计算机也被称为 LISP 计算机。

专家系统的成功来源于对专业领域的深入研究，这种专业化也影响到它所衍生出的商业体系，相较于易于移植的软件行业，太过狭窄的研发导致了专家系统硬件产业的崩溃。1987年，由太阳微系统（Sun Microsystems）公司研发的新型硬件成功击垮了 LISP 专业计算机，像 Lucid 这类软件公司则为这种新型工作站提供了 LISP 软件的虚拟工作环境。这种新硬件的成功，恰恰来源于通用计算机的设计理念。基于这种功能更为强大的硬件，Lucid 这类软件公司研发了应用于新型硬件的 LISP，其标准检测数值显示，LISP 程序在由太阳微系统公司研发的通用硬件中的运行效果，比之前的专业 LISP 计算机功能更为强大。随着通用计算机的研发日渐成熟，后来由苹果和 IBM 研发的台式计算机，提供了一款比太阳微系统的硬件使用更简洁有效的 LISP 应用程序。并且这种通用电脑的价格也远远低于昂贵的 LISP 计算机。通用计算机的优势，使得专业 LISP 计算机完全失去了市场，在不到一年的时间，价值5亿美元的市场份额完全易主。专家系统硬件领域的失败只是专家系统整个领域失败的开始。20世纪90年代初，一系列早期的专家系统都显示出过于昂贵的维护成本，它们的软件系统和硬件都很难及时升级，无法像通用计算机中的新兴程序那样进行学习，并且软件系统相当脆弱，一点非常规输入就会导致许多问题。另外，对于一些计算机领域已经解决的逻辑问题，它们仍然处于无法解决的状态。

专家系统虽然被证明很有用，但应用范围过于狭窄。许多仍然能维持的专家系统公司也迫于运营压力，最终只能缩小规模或到通用计算机领域寻求新的市场。

专家系统的成功同样唤起了整个社会对人工智能研究的信心。1981年，日本国际贸易和工业部拨款8.5亿美元成立第五代计算机计划。该计划是为了编写程序，建造能够像人类一样交谈、翻译语言、识别图片以及推理的计算机。为了在人工智能领域遏制日本，其他国家也启动了类似的计划，英国投资3.5亿英镑成立阿尔维（Alvey）计划；美国一家财团组建了微电子和计算机技术公司开展大型人工智能及信息技术项目；DARPA同样启动了战略计算计划，其投资是1984—1988年投资总额的11倍。但是，直到1991年，第五代计算机计划制订的这些目标都未能实现。事实上，其中一些计划即便到了2001年、2011年都没能实现。对于其他的一系列计划，真正能够实现的水平距离最初的预期仍然有巨大的差异。

20世纪80年代末到90年代初，人工智能的第二次冬天逐渐到来。人工智能的研究再一次失败，使得整个社会甚至人工智能学科共同体中的成员都不再使用人工智能这一术语来称呼自己的研究，而使用如信息学、知识系统、认知系统或计算智能等新名称。这也许是因为他们认为这些研究领域从根本上与人工智能是不同的，但新名称确实更有助于申请项目资金。至少在金融界，两次人工智能冬天的形成仍然困扰着人工智能研究。

罗素和诺维格在其著作《人工智能：一种现代方法》中总结了当时人工智能所面临的三种困难：第一种困难是指大部分早期的智能程序并不理解任务的内容，而只是在句法形式上进行操作；第二种困难是指"组合爆炸"，由于早期的智能程序只包含很少的客体，因此动作的可能性相对较少，并且科学家们普遍认为将研究扩大到更复杂的问题只需要升级硬件即可，但事实上并非如此；第三种困难是指运行智能程序载体的局限性。

此外，从人工智能发展的历史角度还可以再加上三种困难。第一，学科整体性较强，没有产生足够的研究分支分担风险。这一点在后来人工智能的当代兴起中起到了重要的作用。经历了两次人工智能冬天，人工智能领域依托于计算机科学，分化为各种不同的科学领域的后台技术，如数据挖掘、工业机器人、后勤学、语音识别、银行软件、搜索引擎和专业咨询服务等。第二，研究资金的来源过于依赖体制内，体制外的产业开发能力不足。由于人工智能的研究往往需要以跨学科的方式进行，而这在大学的常规机构中就显得十分尴尬，因为科研经费一般都是向已经建立的部门下拨，然后根据部门内部的研究计划划分预算，而往往每个部门都会倾向于牺牲跨学科和不那么传统的研究，以保护该部门"核心研究"的正常进行。第三，国家经济衰退。著名的《莱特希尔报告》就是在英国经济危机的背景下出台的，其连锁反应使整个欧洲大陆的人工智能研究都停滞了。

三、人工智能的仿生大脑计划

1968 年，有人曾预测，到了 2001 年将会出现具有与人类智能水平相当的人造机器，并将其命名为 HAL9000，这一信念在当时得到许多人工智能领域科学家的支持。但到了 2001 年，HAL9000 并没有出现，明斯基认为问题的根源在于常识推理被忽视了，大部分科学家都在从事神经网络或遗传算法的商业应用研究。麦卡锡则在纠结于资格问题。但对于库兹韦尔来说，他认为问题的核心也在于计算机的能力。根据摩尔定律，他预测人类智能水平的机器智能将会出现在 2029 年，并在其著作《如何创造思维》（How to Create a Mind）中，提出了一种可操作的方法。如果要让一个程序具有类似人类的智能，那么首先要理解人类智能是如何实现的，并将其通过技术方法实现，而对于这种实现方式的探索，认为有三种方法：第一，内省，尝试理解自身思考的方式。第二，心理学实验，观察人类的活动。第三，脑成像，直接观察大脑的活动。第一种方法是较为哲学的方法，也是图灵之前所通用的方法。第二种方法则类似于符号计算的功能模拟思路。第三种方法是典型的神经计算的结构模拟思路。

（一）大脑的结构

神经生理学的基础观察资料表明，人脑中负责以分层方式处理信息模式的是大脑的新皮质。没有大脑新皮质的动物（主要是非哺乳动物）基本上无法理解层次体系。能够理解和改变自然界及人类社会的内在层次性是哺乳动物独有的特征，因为只有哺乳动物才拥有这种最新进化的大脑结构。大脑新皮质负责感官和知觉，能够认知从视觉物体到抽象概念的各项事物，也能够控制主体活动、定位空间坐标、推理、使用语言，也就是所说的思考。

大脑新皮质存在于人类大脑的最外层，是一个较薄的组织结构，厚度约为 2.5 毫米。灵长类动物在进化中的收获是大脑顶部出现复杂的褶皱，伴随有深脊、凹沟以及褶痕，它们扩大了大脑皮质的表面积。因为有了这些复杂的褶皱，大脑新皮质成为人类大脑的主体，占其重量的 80%。智人拥有一个巨大的前额，为拥有

> 人工智能的发展及前景展望

更大的大脑新皮质奠定了基础；而额叶则是处理与高层次概念有关的更为抽象模式的场所。

大脑新皮质的结构主要包括6层，从外到内编为Ⅰ—Ⅵ。来自Ⅱ层和Ⅲ层的神经元轴突投射到大脑新皮质的其他部位。Ⅴ层和Ⅵ层的轴突则主要建立起大脑新皮质外部与丘脑、脑干和脊髓的联系。Ⅳ层的神经元接收来自大脑新皮质外部神经元的突出（输入）联系，特别是来自丘脑的。不同区域的层数稍有不同。出于皮质运动区的Ⅳ层非常薄，因为在该区域它很少接收源自丘脑、脑干或者脊髓的输入信息。然而，枕骨脑叶（大脑新皮质中负责视觉处理的部分）还有另外三个子层，也被视为隶属Ⅳ层，因为有大量输入信息流入该区域，包括源自丘脑的。一项关于大脑新皮质的重要发现是：其基础结构出现了超乎寻常的一致性。最早意识到这一点的是美国神经系统科学家弗农·芒卡斯特。1957年，他发现了大脑新皮质的柱状组织；1978年，进行了一次极具重大意义的观察，他对大脑新皮质显著的不变结构进行了描述，假定它是由不断重复的单一机制构成，还提议将皮层柱作为基本单位。

大量实验表明，皮层柱的神经元结构中存在着更微小的基本单元，库兹韦尔称其为模式识别器，是大脑新皮质的基本成分。库兹韦尔认为这些识别器之间没有具体的物理分界，它们以一种相互交织的方式紧密相连，所以皮层柱只是大量识别器的总和。在人的一生中，这些识别器能够彼此相连，所以在大脑新皮质中看到的（模块的）复杂连通性不是由遗传密码预先设定的，而是为反映随着时间的推移学到的模式而创造的。

从神经生理学来说，人类只拥有简单的逻辑处理能力，但不拥有模式识别这一强大的核心能力。为了进行逻辑性思考，人类需要借助大脑新皮质，而它本身就是一个最大的模式识别器。研究表明，人类的大脑新皮质中约有50万个皮层柱，每个皮层柱占据约2毫米高、0.5毫米宽的空间，其中包含约6万个神经元，因此大脑新皮质中总共有大约300亿个神经元。一项粗略的评估表明，皮层柱中的每个识别模式包含大约100个神经元，因此，大脑新皮质大约共3亿个识别模式。[①] 人工智能领域最著名的例子莫过于1997年"深蓝"在国际象棋比赛中击败

---

① 百度.人工智能的关键技术——模仿大脑[EB/OL].（2018-11-06）[2023-09-10].https：//baijiahao.baidu.com/s?id=16163783407101760118wfr=spider&for=pc.

了人类大师卡斯帕罗夫,"深蓝"的胜利在于其强大到每秒分析 2 亿个棋局模式的能力。卡斯帕罗夫赛后表示,战胜"深蓝"的关键在于跳出固有棋局的模式,而他在决胜局中并没有成功。这个经典的人工智能与人类智能的对决,显然就是两者模式识别能力的较量,而人类智能的另一个高明之处似乎在于,人工智能始终固守着已有的模式,而人类智能则能认识到固有模式的局限性,并为突破这些固有模式不断努力。

库兹韦尔认为大脑新皮质中的每个模式都由三部分组成。

第一部分是输入,包括形成主要模式的低层次模式。不需要对每个低层次模式进行重复描述,因为每个高层次模式都为它们注明了出处。例如,许多关于词语的模式包含字母"A",但不是每一个模式都要重复描述字母"A",只要用相同的描述就可以了。我们可将它想象成一个网络指针。存在一个关于字母"A"的网页(一种模式),包含字母"A"的单词的所有网页都会与"A"网页链接。不同的是,大脑新皮质用实际的神经连接代替网页链接。源自"A"的模式识别器的轴突连接到多个树突,一个轴突表示一个使用"A"的单词。另外,还要注意:不只存在一个关于"A"的模式识别器,所有这样的"A"模式识别器都能向与"A"合并的模式识别器发送信号。

第二部分是模式的名称。尽管人们是直接利用大脑新皮质进行理解并处理语言的每个层面,但它包含的大多数模式本身并非语言模式。在大脑新皮质中,一个模式的名称就是每个模式处理器中出现的轴突,轴突被激活后,相应的模式也就被识别了。

第三部分是高层次模式的集合,它其实也是模式的一部分。对于字母"A",就是所有包含"A"的词语,这些也与网页链接一样,处于某一层的每个被识别的模式触发下一层,于是该高层模式的某一部分就展现出来了。在大脑新皮质中,这些链接由流入每个皮质模式识别器中神经元的生理树突呈现出来。每个神经元能够接受来自多个树突的输入信息,但只会向一个轴突输出。然而,该轴突反过来却可以向多个树突输出。大脑皮质的不同区域都有统一层级的模式识别器,它们负责处理物体的真实图像。低层次识别器会察觉到类似弯曲的线条、表面颜色等初级信息,从而导致模式识别器激活轴突,向更高级的模式识别器传递所获取的信息。值得注意的是信息的冗余系数,因为同一层级的模式识别器不止一个。

冗余不仅能增加成功识别的概率，还能处理现实世界中物体在不同情况下复杂的多样性。

思维模式认知理论的一个重要方面是每个模式识别模块是如何完成识别的。每个模块中都存储着每个输入树突的分量，它表明输入对于识别的重要程度。模式识别器为激活设立了一个阈值。不是每个输入模式都要在模式识别器激活时出现。即使存在输入缺失，只要不太重要，识别器仍会激活，但假如很重要的输入缺失的话，识别器就不太可能激活。

思维模式认知理论的另一个重要方面是识别模式的流程。由于思维模式的产生来源于人脑所经历的过程，这些过程在后期的模式识别过程中，更作为模式识别器从一个层次进入下一个层次的重要依据。信息沿着概念层级向上流动，从基本碎片化的内容向上组合构造出符合某种模式的产物。尽管各个模式识别器同时运作，但在概念层级中，也需要花费一定的时间才能向上层推进。穿过每个层级所需的处理时间为数百分之一秒或几十分之一秒。实验表明，识别一般的高层次模式，如一张脸，要花费至少十分之一秒。如果扭曲得很明显，就要花费长达一秒的时间。

如果大脑运作是连续的，并且按照序列运行每个模式识别器，在继续向下一个层次推进时，就必须考虑每个可能的低层次模式。因此，通过每个层次就需要经历数百万个循环，这就是在计算机上模仿这些程序时实际发生的情况。需要注意的是，计算机处理的速度比人类的生理电路要快数百万倍，但人类大脑同样有一个巨大的优势，就是大规模的并行处理能力。另外，识别模式的流程除了信息沿着概念层级向上推进外，也会向下传递。事实上，信息向下传递甚至更为重要。无论信息向上传递还是向下传递，大脑新皮质的工作就是对预计会碰到的事物进行预测。在思维模式的认知结构中，除积极信号外，还存在着消极信号或抑制信号，能够使某一特定的模式不太可能存在。这些信号可能来源于较低的概念层次，如在人群中，通过对胡子的识别，就可以排除看到的人是女性；也可能来源于较高的概念层次，如抑制一组人全是男性，那么其中就不可能有女性。当模式识别器收到抑制信号时，它会提升阈值，但模式仍然可能被激活，如上两个例子中可能出现的特殊情况。

（二）仿生大脑的内在机制与智能策略

对神经系统科学的研究，描绘出人脑新皮质的工作方式，在人工智能领域的研究中，接下来是如何模拟人脑新皮质的工作方式。在这项工作开始之前，另一个问题迎面而来，即面对海量的信息，如何能做到像人类感知器官一般处理各种信息。为了整合信息，库兹韦尔采用了数学最优化法，即矢量量化（Vector Quantification）。如果用二维矢量坐标来表示矢量量化过程，那么每一个矢量都可以视为一个二维空间的交汇点。将很多这样的矢量放在一起，就会发现它们总是呈现一种集群状态。为了清晰地辨别这些集群数字，需要限制观察的数目。对于一个给定的项目，将其中的数字限定为1024个，这样就可以为它们编号，并匹配一个10比特的标签。正如预期，矢量样本数据满足了数据多样性的要求。首先假设最初的1024个矢量为单点集群，然后加入新的矢量，即第1025个矢量，随后找到跟它最接近的那个点。如果这两个点之间的距离比这1024个点中最近的两个点之间的距离还要小，就认为这个点是一个新集群的开始。然后就将距离最近的两个集群合并为一个单独的集群。这样仍然有1024个集群。因此，在这1024个集群中，每个集群就不止拥有一个点，后按照这种方式处理数据。集群的数量始终保持不变，处理完所有点之后，就用这个集群中的中心点来表示这个多点集群。

矢量样本中所有的矢量都会采用同样的方法。通常情况下，会将数百万个点加入1024个集群中；根据不同情况，也会将集群数目增加到2048或者4096个。每个集群都用位于该集群几何中心的那个矢量来表示。这样，该集群中所有点到该集群中心点的距离总和就尽可能达到最小。与最初数百万个或更多的点相比，采用这种方法后，就可以将庞大的数量减少到可控范围内，使得空间最优化，而那些用不到的空间也就被节省了。然后，为每个集群分配一个数字（0~1023）。这些被简化、量化的数字就是其所指集群的代号，这也是这项技术得名为矢量量化的原因。当新的输入矢量出现后，就用离这个矢量最近的那个集群数字表示。

使用矢量量化方法处理数据，可以从四个方面优化数据：首先，制定矢量标准按照一定的规则对数据进行分类，可以大大降低数据的复杂性；其次，降低数据属性的维数，即通过使用一个数字表征整个数据，提高了信息效率；再次，通过集群的整合和新集群的生成过程，提高在信息筛选过程中寻找不变特征的能力；

> 人工智能的发展及前景展望

最后，在调用数据时，大大提高了系统效率。

利用矢量量化简化数据的同时，也突出了信息的关键特征（集群），但对于数据层级结构的构造问题，仍然需要其他的方法。对于这一问题，库兹韦尔使用了隐马尔科夫数学模型。俄国数学家马尔科夫创建了"等级序列状态"的数学理论。该模型建立的基础是对同一序列中激活状态所需条件的研究，如果达到一定条件，那么就能在下一个层级上激活一种状态。在应用技术中，隐马尔科夫层级模型常被用来设计可能性事件的概率选择方法。由于隐马尔科夫使用的实际概率是在真实的资料库中得到的，所以该模型建立的方法往往是自组织的。

人脑新皮质的分层认知模式中，模式的激活与否受多种输入共同限定，接收这些输入的神经元为每种输入都依照其重要程度设置了阈值。

在仿生数码新皮质中，同样需要设定类似的阈值，如矢量量化阶段的矢量数、层级状态的初始拓扑、层级结构中每层的阈值、控制参数数量的参数等。科学家可以凭经验直觉设置参数，但结果并不会很理想，因为人类神经元的各种阈值，一方面来源于经历了无数代遗传下来的基因信息，另一方面来源于与外部信息交互的不断调整，都是经过了不断进化得出的结果。为了更好地为仿生数码新皮质设定这些参数，库兹韦尔采用了另一项仿生学技术，即遗传算法。

遗传算法由复杂理论和非线性科学的先驱约翰·霍兰德发明，目的是研究生物如何进化以应对其他生物和环境变化，计算机系统是不是也可以用类似的规则产生适应性。遗传算法的一个关键是人类并不直接将解决方法编程，而是让其在模拟竞争和改善的重复过程中自行找到解决方法；另一个关键是一种能够有效评价每种可能性解决方案的方法。考虑到每一代模拟进化过程中的数千种可能方法，评价方法必须简单易行。

在构造仿生数码新皮质的过程中，利用隐马尔科夫分层模型可以模拟人类学习过程中起重要作用的新皮质结构；利用遗传算法处理很多变量又需要计算出精准数据时是十分有效的，可以大大提高隐马尔科夫分层结构网络的性能。

根据上面讨论过的内容，库兹韦尔提出了他构建人工大脑的策略。首先，人们需要构建一个符合某些必要条件的模式识别器。其次，人们能够复制识别器，因为人们拥有记忆以及计算源，每个识别器都可以计算出模式被识别出的概率。这样，每个识别器考虑了观察到的每个输入的数值（某种连续变量），然后将这些数据与每个输入对应的习得数据和数值变化程度参数进行比较。如果计算出的概率超过了临界值，识别器就会激活模拟轴突，用遗传算法优化的参数就包括这个临界值以及控制计算模式概率的参数。识别模式并不需要每个输入都有效，因此，自联想识别就有了空间（某个模式只要展现出一部分，就可以识别整个模式）。同样也允许存在抑制信号，即暗示模式根本不可能的信号。模式识别向该模式识别器的模拟轴突发送有效信号，此模拟轴突反过来又会与下一个更高层次的概念级别的一个或多个模式识别器建立连接。下一个更高层次的概念级别连接的所有模式识别器就会将这种模式当成输入。如果大部分模式被识别，每个模式识别器还会向低层概念级别传输信号，这表明剩余的模式都是"预计"的。每个模式识别器都有一条或多条预设的信号输入通道，当预计信号以这种方式被接收时，模式识别器的识别临界值就降低了，也就更容易被识别。

模式识别器负责将自己与位于概念层级结构上、下层级的模式识别器连接起来。所有软件实现的连接，都是通过虚拟连接而并非实际线路实现的。实际上，这类系统比生物大脑系统更为灵活。人脑中出现新模式时，就需要对应生物模式识别器，还需要实际的轴突枝晶链接与其他的模式识别器建立连接。通常人类的大脑会选取一个与所需连接十分类似的连接，并在此基础上增加所需的轴突和树突，最后形成完整的连接。

人类大脑还掌握着另一种技术，即先建立很多的可能性连接，然后剔除那些无用的神经连接。如果一个皮质模式识别器已经成了某种旧模式识别器，而生物新皮质又为这个模式识别器重新分配了最新信息，那么，这个皮质模式识别器就需要重新构造自身的连接。这些步骤在软件中很容易实现，只需要为这个新的模式识别器分配新的记忆存储单元，并基于新的记忆存储单元构造新的连接。如果仿生数码新皮质想要将皮质记忆资源从一个模式系列转到另一个模式系列，它只需要将旧模式识别器纳入记忆，再重新分配记忆资源即可。这种"垃圾回收"和记忆再分配是很多软件系统构建的显著特征。在人工大脑中，在从活跃的新皮质剔除旧记忆之前，人工大脑首先会对旧记忆进行复制，而这是人类大脑无法做到的。很多数学技术可以用于构造这种自组织层级模式识别，但库兹韦尔最后选择了隐马尔科夫层级模式，因为这一技术在处理模式识别问题时比其他方法的应用范围更加广泛，而且它还被用到理解自然语言的研究中。人工大脑的高效运行也

▶ 人工智能的发展及前景展望

离不开设置适当的各种参数，库兹韦尔使用遗传算法对这些参数进行了优化。

仿生大脑除了基本的人类大脑基本功能结构，库兹韦尔补充了另外三个模块。首先是批判性思维模块，这个模块可以对现存所有的模式进行连续不断的后台扫描，从而审核该模式与该软件新皮质内其他模式的兼容性。其次是识别不同领域内开放性问题的模块，作为一个连续运行的后台程序，该模块会对不同的知识领域寻求问题的解决方案。最后是新大脑的目标系统模块，该模块可以为新大脑设置不同的目标，为其思考运行提供一个作为根源的意义。

人类追求人工智能的历史已经持续漫长的岁月，如今可以确定地说已经达成了这一目标的一部分。具有人类部分能力的人工智能已经无处不在，人工智能技术在信息、交通、制造等方面的发展已经彻底改变了人类社会。具有与人类智慧相当的通用智能系统，似乎也渐渐展现出前所未有的希望，库兹韦尔的仿生大脑计划只是众多智能系统之一。此外，还有马克拉姆著名的蓝脑计划和人脑计划、美国国立卫生研究院的人类联结组计划等。

第三节　人工智能产业发展总体状况

一、全球人工智能产业发展状况

（一）国家战略风向

1. 全球主要国家密集发布政策举措

2022年，全球主要国家在人工智能领域的竞争仍然很激烈。"据英国牛津洞察智库2022年1月发布的《政府AI就绪指数报告》称，全球已有约40%的国家发布或将要发布国家人工智能战略。"[①] 各国均试图通过国家战略层面的率先布局谋划，成为人工智能领域的领先者。

其中，美国继续维持在人工智能领域的领导地位，其从安全、技术创新、本土发展、国际合作等方面展开战略部署，同时强调了"AI+ 国防"。美国国防部于

---

① 知乎.2022年全球人工智能产业态势分析[EB/OL].（2022-11-19）[2023-09-10].https：//zhuanlan.zhihu.com/p/584978983.

2月发布的备忘录中就明确将AI列为维护美国国家安全至关重要的关键技术领域。在组织机构方面，2022年5月，美国在人工智能咨询委员会第一次会议上提议构建工作组，包括人工智能领导力、支持美国劳动力等五个层面，使美国的AI领域得到进一步的发展。

欧洲方面，英国将"AI+国防"作为"全球人工智能超级大国"的重要组成部分，英国国防部在2022年6月发布的《国防人工智能战略》中提出将通过科学和技术获取国防战略优势，英国国防科技实验室于同年7月建立了人工智能研究国防中心，致力于人工智能能力相关问题的探索，其研究成果不仅有益于英国国防事业，也有利于经济社会的发展。法国政府对于"人工智能国家战略"，着手展开新的布控，以促进法国人工智能的发展和应用，从而使人工智能的国际竞争力得以提高。

亚洲方面，多国正加大力度推动人工智能产业的培育和发展。2022年3月，韩国表示计划未来三年在人工智能等领域投资超过20万亿韩元，并提供研发支持和税收激励，以推动人工智能产业的发展。2022年3月，日本表示将制定与人工智能等尖端技术相关的国家战略，从根本上强化研发投资。

2. 美国强化AI产业的多边合作

2022年6月，美国启动了前沿基金（AFF），专门投资包括人工智能在内的重点领域，通过开发先进技术建立有弹性的供应链。美欧合作方面，美国—欧盟贸易和技术委员会在2022年6月举行的第二次部长级会议上，联合制定评估可信赖人工智能及风险管理的路线图，并继续采取增加关键领域供应链弹性和安全性的新举措。2022年5月，美韩、美日分别举行首脑会谈，表示将通过建立部长级产业对话、加强与关键技术有关的外国投资审查、出口管制等方式加强人工智能领域的合作。

3. 美欧主导人工智能监管

新一代人工智能具有高度的自主性、自学习能力及适应能力，传统的监管模式已难以适应其发展需求。尤其在智能产品应用后果和风险预判、问题责任归属、潜在安全风险管控等方面都面临着新的挑战。同时，数据也已经成为国家、企业与个人的重要资产。如何合理对人工智能进行监管，以确保安全和隐私，这成为社会各界和各国政策的关注热点。为此，各国制定发布了一系列标准指南强调保护隐私负责任，旨在完善人工智能相关应用场景、加速产业落地。

美国与欧盟在 AI 监管已走在全球前列。美国强调监管的科学性和灵活性，已于 2020 年发布《人工智能应用的监管指南》，为 AI 发展应用采取监管措施提供指导，强调监管的前提是鼓励 AI 的创新和发展；目前正在各行业积极探索实践，如美国国土安全部向公众征集有关使用人工智能和面部识别技术的反馈和意见。

欧盟趋向于强硬的监管风格，既强调发展，又要加强管理，2022 年 2 月发布的《数据法案》草案，对人工智能领域数据共享、数据传输等方面作出全面的具体规定。

其他国家也加快制定 AI 监管的顶层指南，如巴西众议院通过"制订人工智能使用指南"的法案，制定公共政策指南以及私营部门组织在开发和使用人工智能系统时应遵循的原则。2022 年加拿大政府公布了《数字宪章实施法案》。

（二）产业态势

1. 全球人工智能产业规模高位增长

据互联网数据中心（Internet Data Center，简称 IDC）最新数据，"全球人工智能市场在 2022—2026 年预计实现 18.6% 的年复合增长率，到 2026 年达到 9000 亿美元。该预计还称，包括软件、硬件和服务在内的人工智能市场全球营收额预计在 2022 年同比增长 19.6%，达到 4328 亿美元，其中人工智能软件占据 88% 的市场份额，软件主导地位持续巩固。随着人工智能应用拓展和基础设施加快建设，硬件和服务市场增长速度加快，人工智能服务预计在未来五年内实现最快的增长，年复合增长率可达到 22%"[①]。

传媒、医疗、金融、零售等领域已经拥有较为成熟的 AI 解决方案，并且正在向更加成熟、更加全面蜕变。伴随着自动驾驶及智慧制造的快速发展，AI 在汽车及工业制造领域的应用也不断加深。同时，硬件与服务的提升加快了如元宇宙、虚拟人、机器人等全新应用场景的落地和发展。

---

① 知乎.2022 年全球人工智能产业态势分析 [EB/OL].（2022-11-19）[2023-09-10].https：//zhuanlan.zhihu.com/p/584978983.

2. 人工智能产业生态圈不断扩大

历经多年发展，人工智能产业在基础研究、生产制造、应用服务等多个领域已经出现了一批主要中心与重要节点，并呈现出多中心发展百花齐放、多节点联合优势互补的趋势。

2022年，世界各国的龙头企业开始建立多种形式的联合协作，如成立联盟、战略合作等，使其在AI领域的独特优势得以充分展现，这样既提升了企业的国际影响力，又促进了人工智能产业的迅速发展。特别是在2022年成立的"超级AI联盟"，深受业界的广泛关注，共有13家公司参与其中，囊括诸多领域，包括IT、教育、金融、电信、制造、医疗等。该联盟正在以LG的超级AI系统EXAONE为基础，合作开发多场景服务，旨在打造全球大型AI产业生态圈。

3. 人工智能行业总体保持较高融资热度

从投融资数量及金额来看，"2022年上半年全球人工智能融资数量为1579笔，同比下降30%，融资总金额达274亿美元，同比下降28%"[①]。在全球经济连受冲击和不确定性加剧的大背景下，全球融资环境收紧，人工智能行业投融资事件数量比去年略有下降，但整体保持相对较高的融资热度。其中，医疗和交通仍是最受关注的垂直领域，医疗领域的药物研发、辅助诊疗、健康管理和基因技术是主要的资本投入方向，交通领域的无人驾驶热度不减，多家企业近期获得数亿美元投资。

（三）企业重大动向

1. 科技市场低迷环境下面临市值回落问题

由于人工智能行业具有技术快速演变、商业模式不断创新的特点，人工智能企业在前期基础研究与后期商业化落地期间需要投入大量资金，在此背景下AI企业陆续加快上市，上市目的不外乎以下三个方面：一是增强现金流，二是加大对核心技术的研发投入和升级，三是支持继续商业化的探索及落地。

然而，在内外部挑战下，AI上市企业面临市值回落问题。2022年前三季度全球科技股整体表现低迷，在人工智能领域，截至2022年7月底，C3.ai公司较

---

① 知乎.2022年全球人工智能产业态势分析[EB/OL].（2022-11-19）[2023-09-10].https：//zhuanlan.zhihu.com/p/584978983.

> 人工智能的发展及前景展望

市值最高点下跌九成，Uipath下跌八成，寒武纪、商汤科技均跌超七成，今年上市的云从科技、格灵深瞳也下跌30%左右。[①]

2. 头部企业加快投资收购步伐

2022年上半年，人工智能行业的主要收购案呈现出以下两个特点：一是跨国收购案主要集中在如美欧、美日等"盟友国家"之间，在各国对AI领域收购投资的监管审查越来越严格大背景下，这种跨国盟友合作趋势愈发凸显。二是行业龙头企业纷纷发力并购且投资于AI行业软件领域的佼佼者，一方面扩充其数据和软件服务能力，为其自身业务的数字化智能化转型提供支撑；另一方面布局AI领域新业务，扩大其业务版图及在AI市场的影响力。

3. 企业依托人机交互技术基础助推元宇宙发展

2022年，行业龙头企业积极挖掘以AR、VR、MR等为代表的人机交互技术的应用潜力，以人工智能技术为基础加速元宇宙概念与自身业务结合，提供个性化、商业化元宇宙服务。

美国微软公司积极布局在工业领域元宇宙的落地与拓展。2022年5月，微软公司与川崎重工展开合作，通过AR创建可复刻现实世界的数字化工作空间，车间工人通过佩戴HoloLens头显设备来辅助完成生产、维修和供应链管理等工作。2022年10月，微软新成立工业元宇宙核心新团队，旨在帮助客户创建身临其境的软件界面以操控工业控制系统。

美国Meta公司（Meta Platform Inc，原名Facebook）首席执行官扎克伯格表示"解锁元宇宙许多进展的关键是AI技术"，目前Meta公司正在进行人工智能研究，开发一个名为Builder Bot的通用语音翻译器系统，旨在提供所有语言的即时语音翻译，利用语音命令就可以生成或将内容导入虚拟世界，以建立将接替移动互联网的元宇宙。

二、我国人工智能产业发展状况

根据我国信息通信研究院（简称信通院）测算，2022年我国人工智能核心产

[①] 知乎.2022年全球人工智能产业态势分析[EB/OL].（2022-11-19）[2023-09-10].https：//zhuanlan.zhihu.com/p/584978983.

业规模达到了5080亿元，同比增长18%。2022年我国计算产业规模达2.6万亿元，近6年累计出货超过2091万台通用服务器、82万台AI服务器，计算技术国内有效发明专利数量位列各行业分类第一。我国信通院《中国算力发展指数白皮书（2023年）》显示，我国算力多元化发展持续推进。预计到2025年，全球算力规模将超过3ZFlops（ZFlops即每秒十万亿亿次浮点数运算），至2030年将超过20ZFlops。[①]

人工智能的基础层产业正在蓬勃发展，其技术层产业和应用层产业也在共同推进。在人工智能的基础层产业上，为进一步推动技术研发和科研成果的应用，有关企业开始与科研机构进行合作，并增加相关研究的投入，在积累技术的同时，推进技术与产品体系的构建。在日益丰富的多元化应用场景和强大的规模化用户基础背景下，市场的需求在优化升级，与之而来的是投入力度的增加。迅速崛起的人工智能技术层和应用层产业，在安防、家居和教育等领域展现出强大的应用潜力。这些领域的快速发展不仅对其他产业部门的智能化升级起到推动作用，还促进了具有应用价值的成熟产品和服务的打造，从而提升了我国国际竞争力。

---

① 新华社.我国人工智能蓬勃发展 核心产业规模达5000亿元[EB/OL].（2023-07-07）[2023-09-10].https：//www.gov.cn/govweb/yaowen/liebiao/202307/content_6890391.htm.

第二章 人工智能的研究

研究人工智能具有重要的意义和价值，可以解决复杂问题、提升工作效率和创造力，并推动科学研究和技术创新。本章为人工智能的研究，主要介绍了四个方面的内容，依次是人工智能的基本原理、人工智能的研究方法、人工智能的研究目标和内容、人工智能的研究现状。

第一节 人工智能的基本原理

一、问题求解的基本原理

人工智能的研究领域很多，但从它们解决现实问题的过程来看，都可抽象为一个问题的求解过程。因此，问题求解可以说是人工智能的一个核心问题。所谓问题求解（Problem-solving），就是通过在某个可能的解空间内搜索，在有限的步长内寻找一个能解决某类问题的解。在问题的求解过程中，由于人们所面临问题本身的复杂性，以及计算机在时间、空间上的局限性，计算机在问题求解时，一定要具体情况具体分析，先找出符合当前问题的理论知识，再推理出最合理的方法路径，从而有效地解决问题。

在搜索过程中，找到解决问题的对应理论知识和确定推理路线是至关重要的，这样既可以减少所付出的代价，又能更好地解决问题。此外，问题求解的方法或者推理路线有很多个，此时，我们需要找到能高效解决问题的那一个。

（一）问题形式化

结构不良问题和非结构化问题是人工智能要解决的主要问题，这种问题并没

> 人工智能的发展及前景展望

有一个较为成熟的求解算法，所以我们只能在现有知识的基础上，一点一点探索可行的求解算法。因此，对于给定的问题，智能体的行为一般是寻找能够到达所希望的目标状态的动作序列，并使其所付出的代价最小、效率最高。

基于给定的问题，智能体求解问题的第一步是目标表示。第二步是搜索，即智能体工作过程的动作序列表示。搜索算法的输入是给定的问题，输出是表示为动作序列的方案。一旦有了方案，就可以执行该方案所给出的动作，这就是被称为执行阶段的第三步。因此，智能体求解一个问题主要包括三个阶段：目标表示、搜索和执行。

问题求解智能体通过确定给定问题的一些基本信息，并据此寻找达到所希望的状态的行动序列来决策要做什么。可以想象一下一个智能体在我国新疆旅游，并且想要享受美得让人陶醉的新疆美景，还有让人垂涎三尺的新疆美食，然后选择可能途经兰州、西安、太原、石家庄等城市到达北京。

对于以上的问题，可以形式化地定义为四个组成部分。

一是初始状态集合：定义了智能体所处的环境。例如，在上面的新疆旅游问题中，智能体的初始状态可描述为 In（Xinjiang）。

二是操作符集合：把一个问题从一个状态变换为另一个状态的动作集合。例如，从状态 In（Xinjiang）开始，新疆旅游问题的操作符可表示为：Goto（Xinjiang，Lanzhou）、Goto（Xi'an，Taiyuan）…Goto（Shijiazhuang，Beijing）。

三是目标测试函数：智能体用来确定一个状态是否是目标。有时候可能的目标状态集是非常明确的，测试只需要简单地检查给定的状态是否为目标状态集合中的状态之一。在新疆旅游的问题中，目标状态是一个单元素集合 {In（Xinjiang）}。另一些时候目标状态是由抽象性质来指定的，而不是一个可枚举目标集。例如，在我国象棋中，目标是要达到一个被称为"将死"的状态，即对方的国王在己方的攻击下已经无路可逃。

四是路径费用函数：对每条路径赋予一定的费用函数。以从新疆到北京的旅游问题为例，智能体从新疆到达兰州所付出的代价就是一个单步费用。而总的费用为所有沿该路径到达北京的单步费用的总和。

（二）问题搜索

人工智能的搜索问题涉及两个层面：一是搜索什么，也就是搜索的目的；二是在何处搜索，也就是搜索空间。对于问题的搜索空间，在上文问题形式化的论述中初始状态集合和操作符集合已经作出相关概念的解释，搜索空间又可称为状态空间。在问题求解之前，人们其实是知晓人工智能中诸多问题的状态空间的。因此，在人工智能的搜索过程中存在两个阶段。首先是状态空间生成阶段，其次是对该状态空间中求解问题状态的搜索阶段。一般来说，在搜索之前，一个问题的整个空间所占用的储存空间可能会很大，所以状态空间会按照逐步扩展来进行，而"目标"状态的搜索则伴随着每一次空间状态的扩展。

按照问题的表现形式，搜索可以划分为状态空间搜索和与或树搜索。在求解问题时，前者采用状态空间法进行搜索，后者则使用问题归纳法进行搜索。人工智能中，问题求解的方法主要有两种，那就是状态空间法和问题归纳法。同样，问题的表示方法也主要有两种，即状态空间表示法和与或树表示法。

此外，按照启发式信息的使用情况，搜索还可划分为盲目搜索和启发式搜索。盲目搜索指的是在搜索过程中，人们并不清楚从当前状态到达目标状态需要经历多少步骤，也不了解每条路径所付出的代价，只知道哪个才是真正的目标搜索状态。所以，在搜索时，人们是依据已制定的策略进行。也正是这种按照已制定策略的搜索，对于问题自身的实际情况并未进行考虑，这不仅使搜索效率低下，而且无法很好地解决复杂问题。启发式搜索则在搜索的过程中添加了相关的启发性信息，旨在指引搜索的方向，使问题解决的速度不断加快，进而得出问题的最优解。由此可见，启发式搜索对于问题求解的效率远高于盲目搜索。需要注意的是，启发式搜索是要结合问题本身的实际情况以及相关的启发性信息。而对于很多问题，这些信息很少，或者没有，或者很难抽取。所以，盲目搜索仍然是很重要的搜索策略。

二、知识表示

人们普遍认为，智能活动是以知识为前提，而人类的智能活动就是在持续地习得知识并加以应用。只有赋予机器一定的理论知识，使其可以用知识表示问题，机器才能模拟人类的智能。所谓知识表示，是指将人类在学习和实践中所积累的

> 人工智能的发展及前景展望

知识转化为计算机能够理解和操作的符号与方式。这一过程不仅模拟了人类大脑中信息的存储和处理方式，而且探索了计算机信息处理中知识的描述形式，其最终目的是让计算机能够便捷地表示、存储、处理和应用人类的知识。所以人工智能研究的方向之一就是如何有效地表示知识。

当前，尽管人脑如何表示、存储和运用知识依旧是个未解之谜，但是我们已经研发出一套相对成熟的知识表示技术，它能够以形式化的方式将知识呈现出来，使计算机进行自动化处理。知识表示技术起源于20世纪70年代，丰富的研究成果使得知识表示技术和方法多种多样，说明人们对知识如何表示存在着分歧和不一致。随着人工智能技术的不断深入研究和应用，关于知识表示的工程化问题取得了很大的进展，不同的知识表示方法也逐步地趋于一致。

（一）知识的内涵

1. 知识的概念

"知识"是人们常用的一个术语，人人都知道它的意思，但很难对它进行定义。在实际应用中，人们经常把数据、信息和知识不加区分地交叉使用，其主要原因是这三个概念比较难界定。但一般来说有以下的细微区别：信息的外在展现形式就是数据，而数据是单个的、无特定意义的事实，有时为了联系上下文，我们必须用到数据。文字或数字等一系列的符号是构成信息的要素，符号蕴藏着特定的用处和意义，是有一定价值的。对于知识而言，它是在信息的基础上进一步扩展和深化的结果，它还涉及符号之间的复杂关系和处理这些符号的过程与规则。知识包含与上下文相连的信息，它更具价值和意义。例如，根据现在的天气是10℃，可以得到知识"如果现在的温度是10℃，那天气就有点儿凉"。在时间的变化过程中，知识也在发生改变，产生新的知识，而新知识的获取则可以利用逻辑联系和现有的知识。

可以说，通过加工和提炼出来的信息便是知识，它涵盖了事实、信念和启发式规则。认识论是对知识探究的一个统称，它探究知识的结构、起源和本质。

智能程序是在数据和信息的基础上获得知识，那么一个系统或Agent要想具备智能，究竟需要哪些知识呢？一个智能程序要想高水平地运行，究竟需要哪种类型的知识呢？在第十届国际人工智能会议上，里南（Lenat）和费根鲍姆为我们指明了方向，即知识的原则。

"一个系统展示高级的智能理解和行为，主要是因为拥有应用领域特有的知识：概念、事实、表示、方法、模型、隐喻和启发式。"[①] 这里"特有"这一词很重要，因为应用领域中有效地求解问题主要靠该领域特有的知识。系统（智能体）用于解决问题的知识中只有一小部分是普通知识，如状态空间搜索方法、推理控制策略等。这些知识虽然能应用于多个领域，但作用微弱，仅靠它们不能为问题求解提供足够的约束。足够的约束主要来自特别知识（应用领域特有的概念、事实、表示、方法和模型）。系统拥有的知识量和其性能（问题求解能力和效率）的关系可以表示为二维曲线，如图 2-1-1 所示。图中 W、C、E 称为知识的门槛。

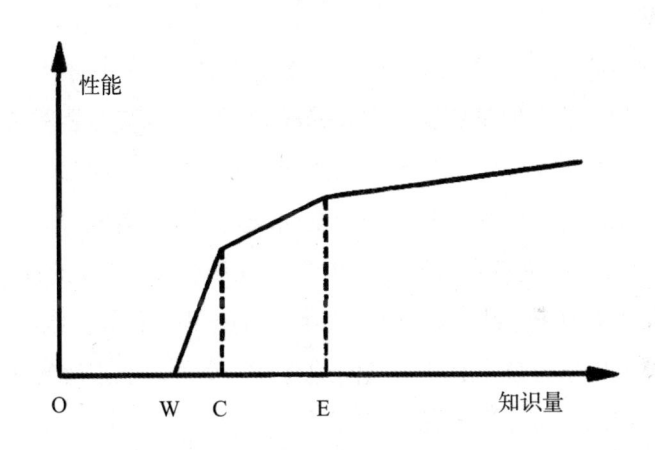

图 2-1-1　知识门槛

（1）使能门槛 W

使能门槛是指知识量超过该门槛时，系统就拥有为执行任务所需的最低限度知识。如果知识量低于此门槛，系统无足够的知识去解决问题。

（2）胜任门槛 C

随着知识量的增加，系统提高性能，并在到达 C 点时成为某应用领域中求解问题的专家，胜任只有专家才能解决的问题求解任务。超出此门槛，附加的知识虽然有用，但并不经常用到。

---

① 高济. 人工智能基础 [M]. 北京：高等教育出版社，2002.

（3）全能门槛 E

到了全能门槛，由于知识量的空前增加，使系统能解决该应用领域内的几乎所有问题，成为全能专家。超过此门槛，附加的知识几乎没有实质性作用（并非无用，而是原有知识已经够用了，新知识对本领域问题求解无明显帮助）。

粗略地估计，若知识全由推理规则表示，达到 C 级，只需 50～1000 条规则；再加等量的规则，就可达到 E 级。50 条规则意味着知识量不大，原因在于许多实际任务是充分狭窄的。例如，建立诊断某种特别疾病（某种皮肤病）的专家系统只需数十条推理规则，但要成为各种皮肤病专家就需要获取数百到数千条规则。如图 2-1-1 所示的曲线也反映了智能体知识是逐步积累的，涉及获取、修正和学习新知识。

在 20 世纪 60—70 年代，人工智能处于摸索阶段。尽管很多学者一直在探究搜索进而推理的方法，但是并没有太大的成效。对于人工智能的未来前景，人们感到悲观。智能行为与知识的紧密联系拨开了人工智能的阴霾，这得益于美国斯坦福大学在专家系统 DENTRAL 上的开创性研究。人工智能研究者之所以对知识在智能行为的核心地位产生认知，是因为专家系统 MYCIN 的成功。20 世纪 80 年代涌现出众多的专家系统，涉及多个领域，如工程、科技、能源、制造、军事、商业等。在这些专家系统中有一个共同的特征：引导问题求解的知识都是启发式或经验性关联知识。

与专家系统的启发式知识相比，推理机所包含的是关于推理控制的通用性知识。系统的整体能力取决于知识库中储存的领域特定知识。此外，在人工智能领域，越来越多的学者也着手从知识的角度进行探索。举例来说，要想使自然语言理解具备高性能，不能只依靠单纯的文法知识，还需要拥有更广泛的世界知识。同样，世界知识也是一个优秀的视觉程序所要具备的。对于机器学习程序而言，它们并非从零开始逐步学习，而是以一个知识体为前提，而且机器的学习速度主要依赖于更为丰富的知识体。

2. 知识的特性

（1）知识的相对正确性

人们对客观世界运动规律的深入理解和正确把握是知识的主要来源，这体现了人类从感性认知升华为理性认知的思维过程。所以，通常来说，知识是值得被人们信赖的，有一定的正确性。然而，如果一些条件或环境发生变化，原来那些正确的知识就要重新接受检验。在人们的日常生活及科学实验中可以找到很多这样的例子。例如，牛顿力学运动定律因其普适性和便捷性被应用于日常的工程计算当中，但是在进行核加速器的粒子计算和接近光速的运行检测之时，我们不得不应用量子力学和相对论的知识。再如，1+1=2，这是一条妇孺皆知的正确知识，但它也只是在十进制的前提下才是正确的。如果是二进制，它就是错误的。因此，机器中的知识表示与运用，应注意结合具体环境来分析考证。

（2）知识的不确定性

由相关信息相互关联而形成的一种信息结构称为知识。可以看出，构成知识的两个核心要素就是信息和关联。然而，现实世界纷繁复杂，信息有正误之分，关联也有不确定性。如此来看，知识的状态并非只有"真""假"两种，二者之间的中间状态也可能存在知识当中。"真""假"程度具体是多少，这就是知识的不确定性。例如，在我国的华中地区和华南地区，人们通过观察天空中彩虹出现的方位来推测天气的变化。但这只是一种常识性的经验，并不能完全肯定或否定，存在着相反的事例。知识的不确定性有多种成因，归纳总结为下面四种原因：

①由随机性引起的不确定性

随机现象中的事件具有不确定性，我们无法事先判定其是否发生。这意味着事件有可能发生，也有可能不发生。因此，我们在对事件进行描述或判断时，不能单纯地用"真"或"假"。

②由模糊性引起的不确定性

某些客观事物本身具有一定的模糊性，人们难以明确区分两个相近的事物，也就难以判断一个对象是否完全符合某个模糊的概念。同时，事物之间的关系也具有一定的模糊性，那它们的关系到底是"真"关系还是"假"关系，人们也就无法进行准确的判断。这种由模糊概念和模糊关系构成的知识，其本质是模糊的，因此具有不确定性。

③由不完全性引起的不确定性

人们对客观世界的认知是一个逐步深入的过程。当人们的感性认知积累到一定程度时，便会上升到理性认知的层面，进而形成相应的知识。所以知识是在循序渐进的过程中形成的。在这个过程中，有时客观事物本身没有完全展现出来，有时即使事物充分展现，人们难以及时把握其本质，致使人们的认知不够全面、准确，最终的结果就是人们所形成的知识存在不确定性。

人们难以在复杂的现实世界中一次性获取全部信息，知识的不确定性正是由这种信息的不完全性所导致的。在解决问题时，我们进行思考和推理的过程往往伴随着知识的不确定性，进而得出最终的解决方案。

④由经验性引起的不确定性

在长期的实践和研究中，领域专家从中获取知识，再将这些带有经验性的知识应用到人工智能的核心研究领域，尤其是专家系统中。领域专家能够对这些知识做到灵活运用，使相应领域的问题有效解决。然而，对他们来说，富有挑战的是将这些知识准确地表达出来，知识不确定性的一个缘由就在于此。此外，不精确性和模糊性是经验性知识本身固有的，这进一步增加了知识的不确定性。所以在专家系统中，不确定性是大多数知识都存在的现象。

（3）可表示性与可利用性

人类的历史是不断地积累和利用知识创造文明的历史。在现实生活中，人们为了记录、描述和呈现知识，不断地开发和运用各种各样的形式，这些形式同时也促进了知识的传播和学习。对于那些有价值的知识，也得到了更好的传承和发展。诸如用语言、文字等文化工具；用书籍、故事、民间传唱与表演等方式；用文学、戏剧、绘画、摄影等艺术形式；还有采用电影、电视、多媒体这些现代科技手段等。可见，知识是具有可表示性和可利用性的。发展人工智能知识表示技术，使其变得切实可行，这是前者的功能；而机器或计算机可以真正利用知识，使其转化为实际应用，这是后者的功能。

在人类社会步入信息化时代的征程中，人类知识也迎来了一个蓬勃发展的新时期。这具体体现在对过时、无价值知识的舍弃，以及对新知识、新理念的发掘。当前，知识更新的速度和知识总量增长的速度都势不可挡。在这个高速发展的新时代，智能科学工作者要做的就是持续探索人类知识、努力研发智力工具、大力发展智能科学技术。

3. 知识的分类

对于一个智能体来说，假设它已经掌握了全部的几何定理，但是对于要证明的具体几何总量，需要用到哪些知识，究竟应该按照什么思路，先后选择调用哪些定理等，还是一个困难的智能问题。要找到问题的解，智能体需要找出从已知条件到达求证目标的相关匹配知识序列。即智能体按照证明步骤，对已有记录的知识加以检索，把与问题解相关的且充分必要的知识分类出来，排列其先后调用的顺序，从而得到问题的求解过程及路径。由此可见，机器定理证明可以模拟人运用知识的思维方式来完成。

在智能体解决问题中，按其工作过程所要使用的知识作用及表示来划分，知识可以被划分为三种，分别是事实性知识、控制性知识和过程性知识。

（1）事实性知识

事实性知识主要涉及静态知识，如问题的领域和特性、求解的环境和目标、已知的条件等，是对相关领域各方面内容的描述，如事实、概念、事物状态、事物属性等。这类知识的表达形式通常是直接明了的。例如，叙事式表示："在群猴会议上有猴子提出，无论如何要把失落于水池中的那个月亮打捞上来，众猴齐声叫好。"又如，"西安是一个古老的城市"，"一年有春、夏、秋、冬四个季节"。

（2）控制性知识

控制性知识是指如何有效利用已掌握的相关知识来解决问题的知识，也常被称作深层知识或元知识，涵盖求解策略、推理路线的选择原则、控制信息实施方法等内容。在问题求解过程中，我们可以选择各种策略来解决问题，如推理策略、搜索策略、限制策略、信息传播策、求解策略等。以一个具体的情景来举例，一组机器人协同执行某个任务，它们所具备的知识除了监控性知识，还需要有决策性知识，这样才能使它们时刻观察到彼此的完成情况，以更好地协调整体工作。

（3）过程性知识

过程性知识指的是关于领域问题的理论内容，它告诉我们如何处理领域内问题方面的信息，从而找到解决方案。这种知识先进行比较和分析领域内的各种问题，再得出具有一定规律的认识，所组成的要素有规则、经验、定理、定律等，对解决问题的过程也进行了相关的描述，按照此规律，人或计算机便可顺利地完成工作。对于智能系统而言，过程性知识至关重要，因为智能系统的功能和可信任性受过程性知识丰富性、完善性和一致性的影响。比如，如果信道状态正常，则发送绿色信号；如果信道出现异常状况，则按下红色信号开关。

（二）知识表示的内涵

为使知识传授、知识获取和知识利用的目标得以实现，所有系统或对象都要对知识表示进行事先处理，尤其是那些涉及信息和知识交流、智能问题求解、智能资讯工程及知识处理的系统和对象。因此，在知识信息处理系统中，知识表示扮演着至关重要的角色。

知识表示其实是对知识进行描述或约定的过程。智能机器系统的核心在于运用特定的技术模式，将求解问题所需的知识转化为易于寻找问题解决方案的数据结构。在这个过程中，涉及对知识的变换、映射和编码，最终将其转化为特定的数据结构。简言之，数据结构及其处理机制共同构成了知识表示：

数据结构 + 处理机制 = 知识表示

在知识表示中，选择恰当的数据结构至关重要，它所描述的内容有存储待解决的问题、可能的中间结果、最终答案以及有关的问题求解。这些数据结构被称为符号结构或知识结构，从而使知识得以明确表示。但是，单纯的符号结构难以将知识的"能量"充分展现出来，所以符号结构还应结合一定的处理机制。可以说，知识表示实际上是由数据结构和处理机制组成，它不仅涉及知识表示的语言，还要考虑知识的实际运用。我们获得的领域知识是知识表示语言借助符号结构加以描述的，对这些知识的实际运用是智能行为得以实现的必经之路。

目前，尚未构建出知识表示的理论和规范体系，这主要是因为我们还未梳理好知识结构和知识机制。虽然关于如何表示知识尚未形成统一的理论，但在研究和开发智能系统的过程中，人们结合相关理论研究提出了一些知识表示的方法，这些方法可以大致归纳为符号表示法和连接机制表示法两大类。

符号表示法是将不同方式和顺序的具有特定含义的符号进行组合，进而表示知识的方法，侧重于逻辑性知识的表示，本章所提及的知识表示方法都属于这一范畴。连接机制表示法则采用神经网络技术进行知识表示，通过各种方式和顺序连接不同的物理对象，将那些具有特定意义的信息在这些对象之间进行传递或加工，进而表示与之有关的概念和知识。这种知识表示方法具有一定的内隐性。如果要对不同形象性的知识加以表示，与符号表示法相比，连接机制表示法最为适宜。

此外，按照控制性知识的组织形式，表示方法可分为陈述性表示法和过程性表示法。陈述性的知识表示方式将知识的表示和知识的运用分开处理，在知识表示时不涉及如何运用知识。例如，一个学生统计表存放了学生的基本信息，为了处理它，必须设计另外的专门程序。显然，由于学生统计表独立存储，使其能为多个程序应用，如名单打印、学生查询等。过程性的知识表示方式将知识的表示和知识的运用结合起来，知识包含于程序之中。比如，关于倒置矩阵的程序就隐含了倒置矩阵的知识，这种知识与应用它的程序紧密地融合在一起，难以分离。在人工智能程序中，人们采用比较多的是陈述性的知识表示和处理方法，即知识的表示和运用是分离的。陈述性知识在设计人工智能系统中处于突出的地位，关于知识表示的各种研究也主要是针对陈述性知识的，原因在于人工智能系统一般易于修改、更新和改变。

当然，采用陈述性知识表示是要付出代价的，例如，计算开销增大、效率降低。因为陈述性知识一般要求应用程序对其做解释性执行，所以效率要比用过程性知识低。换言之，陈述性知识是以牺牲效率来换取灵活性的。陈述性知识表示和过程性知识表示在人工智能研究中都很重要，各有优缺点。这两种知识表示的应用具有如下的倾向性：

第一，由于高级的智能行为（人的思维）似乎强烈地依赖于陈述性知识，因此，人工智能的研究应注重陈述性的开发。

第二，过程性知识的陈述化表示。基于知识系统的控制规则和推理机制一般都是属于陈述性知识，它们从推理机分离出来由推理机解释执行，这样做可以促进推理和控制的透明化，有利于智能系统的维护和进化。

第三，以适当方式将过程性知识和陈述性知识综合，可以提高智能系统的性能。例如，框架系统为这种综合提供了有效的手段。每个框架陈述性地表示了对象的属性和对象间的关系，并以附加程序等方式表示过程性知识。

（三）知识表示的选择

以知识为基础的应用系统大多都极为繁杂，因为它涵盖诸多问题求解的多种思路，而这些思路又要运用到不同形式的知识表示。所以这种应用系统正面临着知识表示的选择困境：是选择统一的形式还是选择不同的形式来表示各种知识。在知识获取和知识库的维护上，统一的知识表示方法有简单、易操作的优点，但是处理效率较低。而不同的知识表示方法处理效率较高，但是知识难以获取，知识库难以维护。在实际问题解决中，对于知识表示方法的选择，我们可以从表示能力、可理解性、知识的获取、便于搜索和便于推理五个方面来权衡。

1. 表示能力

在选择知识表示方法时，我们一定要考虑它能够准确且高效地表示出问题求解所需的各种知识。当前，领域知识的特性和各种表示方式的特点是人们要掌握的内容，这样才能选择最适合的方法。以医疗诊断领域为例，由于涉及的知识通常具有经验性和因果性，因此应采用产生式表示法。

2. 可理解性

一种理想的知识表示方法要具备易于理解的特性，这意味着它应与人类的思维习惯相契合，使得人们能够直观地理解和应用它。

3. 知识的获取

在智能系统初步构建完成并运行一段时间后，我们可能会察觉到知识存在某些不足之处，比如质量、性能，此时就需要对知识库进行优化，包括修改或删除一些过时的知识、添加一些新的知识，以维持智能系统的运行。另外，在新知识的添加上，要避免新旧知识矛盾的产生，确保知识的一致性。

4. 便于搜索

在知识表示中，符号结构和推理机制应具备高效搜索知识的能力，促使智能系统对事物之间的关联和变化有一定的感知，并且能以最快的速度在知识库中检索到相关的知识。

5. 便于推理

推理是对新事实或特定操作进行推导的过程，它主要利用已知事实和存储在计算机中的知识进行推导。智能系统不仅要掌握丰富的知识，还要具备易于运用的知识表示形式，从而使领域内的众多问题得到有效解决。在知识表示中，那些较为庞杂和不易理解的数据结构，对推理过程的处理是极为不利的，而且对系统的推理效率也是有影响的，最终导致整个系统的求解问题能力持续下降。因此，知识的表示要有利于从已有的知识中推出需要的答案和结论。

三、经典逻辑推理

"知识表示"讲述了如何把知识以某种方式存储到计算机中去。但要使计算机智能化，除它本身具备的知识之外，思维能力也是计算机应具备的，即运用已掌握的知识来推理出未知的知识，以使问题得到解决。

如今，推理已成为学者深入钻研的领域，许多能应用于计算机的推理方法已被提出。其中，最早提出的方法是经典逻辑推理。这种推理方法也被称作机械—自动定理证明，遵循的是经典逻辑的规则，它囊括多种推理方法，包括基于规则的演绎推理、归结演绎推理、自然演绎推理等。同时，其还包括匹配法等多种求解方法和冲突消解策略、搜索策略等多种控制策略，它们在经典逻辑推理的质量和效率上发挥重要作用。

（一）推理的概念

在现实生活中，当人们剖析各种事物并作出判断或决策时，他们一般以当前事实为突破口，然后对现有知识加以利用，进而将隐藏的事实或全新的知识探寻出来，这一系列的过程就是所谓的"推理"。然而，从人工智能的专业视角来看，推理指的是依据特定的策略，利用已知的判断来推导出新判断的思维过程。我们能明显地看出，已知的判断和在此基础上推导的新判断是这一思维过程中的两种判断。前者包含了与解决问题相关的知识和已知的事实，后者是经过推理后得出的最终结论。

在人工智能系统中，推理通常是由一组程序来实现的，人们把这一组用来控制计算机实现推理的程序称为推理机。例如，在 MYCIN 医疗专家系统中，专家的经验及医学常识以某种表示形式存储于知识库中（已知判断的一部分），当用它来为病人诊断疾病时，推理机就从病人的症状及化验结果等初始证据出发（已知判断的另一部分），按某种搜索策略在知识库中搜寻可与之匹配的知识，从而推出某些中间结论，然后以这些中间结论为证据推出进一步的中间结论，如此反复进行，直到最终推出结论，即病人的病因与治疗方案为止。像这样，从初始证据出发，不断运用知识库中的已知知识，逐步推出结论的过程就是推理。

(二）推理的发展

多种思维方式蕴含在人类的智能活动当中，同样地，多种推理方式蕴藏在模拟人类智能的人工智能当中。接下来，我们从不同的视角来探讨这些推理方式。

演绎三段论是推理的起源，这种方法通过两个正确命题之间的关联，推导出第三个正确的命题。以此为起点，逻辑学派在保持推理结论正确性的核心原则的基础上，进一步发展了其他推理方式，如可信度逻辑、时序逻辑、非单调逻辑、开放逻辑、模糊逻辑等。即便在部分事实有误或暂时出错的情况下，也能够进行推理。

知识学派不仅探索领域知识的表达方法，还致力于推理方法的探索和发展。在研究的初期阶段，他们提出了语义网络推理、规则基推理、模型基推理等推理方法。在知识表达和知识获取的深入研究背景下，推理的范围从单一的演绎推理扩展到归纳推理再到如今的类比推理，问题求解的范围在逐步拓宽。

演绎推理指的是基于普遍性的知识，推导出适用于特定情况的结论的推理过程。在人工智能领域中，演绎推理的推理方法占据着重要地位，许多智能系统都是以演绎推理为基础而成功研发出来的。而在演绎推理的众多表现形式中，三段论是使用最多的形式。

归纳推理指的是在众多具体事例中提炼出一般性结论的过程，体现了从个别到一般的思维逻辑。根据归纳时所涉及事例的覆盖程度，归纳推理可进一步细分为完全归纳推理和不完全归纳推理。完全归纳推理意味着在归纳过程中全面考虑某一类事物的所有对象，通过综合分析这些对象的某种属性，进而得出该类事物是否普遍具有这一属性的结论。以汽车为例进行完全归纳推理，通过检查某类汽车的所有车辆，汽车生产厂家在得出所有车辆都合规的基础上，推导出"该类汽车都是合格"的结论。不完全归纳推理在得出结论时仅对某一类事物的部分对象进行考察。以产品质量检验为例进行不完全归纳推理，人们通常只对部分产品进行随机检查，若这些检查的产品都符合要求，就会得出相应的结论，即"所有产品都是合格的"。在人类的思维活动中，最常见和最基础的推理形式就是归纳推理，特别是在个别事例中总结一般规律时，人们时常使用这一推理形式。

类比推理是由新情况与已知情况在某些方面的相似来推出它们在其他相关方面的相似。因此推理过程通常在两个相似域之间进行。一个是已经认识的域，包括过去曾经解决过且与当前问题类似的问题以及相关知识，称为源域；另一个是当前尚未完全认识的域，它是待解决的新问题，称为目标域。类比推理的目的就是从源域选出与当前问题最近似的问题及其求解方法以求解当前的问题。其主要过程包括：回忆与联想、选择、建立对应关系、转换。

图形图像的研究工作也逐步参与到发展推理方法的过程中。这方面的工作主要是围绕着如何基于形象信息进行推理这一核心问题，并发展了空间推理、几何推理、视觉推理等，从而使得推理能够在二维图像、地图和三维体等相关信息上进行。

从以上的推理发展趋势可以看出，推理从严格的演绎逻辑出发，到开放逻辑、类比推理、视觉推理，推理呈现出明显的松绑趋势。为了适应越来越广阔的环境、处理越来越丰富的媒介、解决越来越复杂的问题，推理技术不断挣脱束缚，向四面渗透、改造与拓展自身。推理的松绑趋势使得推理逐步走向对思维的广泛模拟，从而实现真正对人类智能的模拟。

（三）推理的控制策略

推理过程是一个求解问题的过程。问题求解的质量与效率不仅依赖所采用的求解方法，如匹配方法、不确定性的传递算法等，还依赖求解问题时所采用的策略，即推理的控制策略。推理的控制策略主要包括推理方向、求解策略及限制策略、冲突消解策略等。

1. 推理方向

推理方向用于确定推理的驱动方式，分为正向推理、逆向推理、混合推理及双向推理四种。但无论采用哪种方向进行推理，一般都要求系统具有一个存放知识的知识库，一个存放初始已知事实及问题状态的数据库和一个用于推理的推理机。

（1）正向推理

正向推理是按照由条件推出结论的方向进行的推理方式，它从一组事实出发，使用一定的推理规则，来证明目标事实或命题的成立，又称为数据驱动推理。

（2）逆向推理

逆向推理是以某个假设目标为出发点，去寻找证据，直至最终所有的证据都

> 人工智能的发展及前景展望

能寻找到使其成立的已知证据的一种推理，又称为目标驱动推理。

逆向推理的主要优点是推理过程的方向性强，不用寻找和使用那些与假设目标无关的信息和知识。这种策略对它的推理过程提供明确解释，明确告诉用户它所要达到的目标以及为此而使用的知识。另外，这种策略在解空间比较小的问题求解环境下，不仅其搜索效率非常高，而且能提供明确的解释。其主要缺点是初始目标的选择带有一定程度的盲目性，影响搜索效率，也不能通过用户自愿提供的有用信息来操作。在解空间较大的问题求解环境下，用户要求作出快速输入响应的问题领域，逆向推理策略则难以胜任。

（3）混合推理

正向推理具有盲目、效率低等缺点，推理过程中可能会推出许多与问题求解无关的子目标；逆向推理中，若提出的假设目标不符合实际，也会降低系统的效率。为解决这些问题，可把正向推理与逆向推理结合起来，使两者各自发挥自己的优势，取长补短，像这样既有正向又有逆向的推理称为混合推理。

混合推理的基本思想是：先使用正向推理帮助选择初始目标，即从已知事实演绎出部分结果，据此选择一个目标。然后，通过反向推理求解该目标，在求解这个目标时又会得到用户提供的更多信息。接着，再正向推理，求得更接近的目标。如此反复进行正向推理—逆向推理这个过程，直至问题求解完成为止。

实际问题求解时，在下述两种情况下，通常也需要进行混合推理。

第一种情况是当数据库中的已知事实不够充分时，若用这些事实与知识的运用条件进行匹配而采用正向推理，可能连一条适用知识都选不出来，这就使推理无法进行下去。此时，我们可通过正向推理先把其运用条件不能完全匹配的知识都找出来，并把这些知识可导出的结论作为假设，然后分别对这些假设进行逆向推理。由于在逆向推理中可以向用户询问追加有关证据，这就有可能使推理进行下去。

第二种情况是用正向推理进行推理时，虽然推出了结论，但可信度可能不高，达不到预定的要求。此时为了得到一个可信度符合要求的结论，可用这些结论作为假设，然后进行逆向推理。通过向用户询问进一步的信息，有可能会得到可信度较高的结论，同时这些附加的信息还有可能推出另外一些结论。

（4）双向推理

双向推理是指正向推理与逆向推理同时进行，且在推理过程中的某一步骤上

"碰头"的一种推理。

其基本思想是：一方面，根据已知事实进行正向推理，但并没有到达最终目标；另一方面，从某假设目标出发进行逆向推理，但并不推至原始事实，而是让它们在中途相遇，即由正向推理所得的中间结论恰好是逆向推理此时所要求的证据，这时推理就可结束，逆向推理时所做的假设就是推理的最终结论。

双向推理的困难在于"碰头"的判断。另外，如何权衡正向推理与逆向推理的比重，即如何确定"碰头"的时机也是一个困难问题。

2. 求解策略及限制策略

推理的求解策略是指推理只求一个解，并且是所有解或者最优解等。推理的限制策略是为了防止无穷的推理过程，以及由于推理过程太长增加时间及空间的复杂性，从而使得推理的结论失去价值。其解决方法是可以在控制策略中指定推理的限制条件，以对推理深度、宽度、时间、空间等进行限制，满足问题求解的实际要求。

3. 冲突消解策略

冲突消解策略是解决如何在多条可用知识中合理地选择一条知识的问题，是一种基本的推理控制策略。在推理过程中，系统要不断地用当前已知的事实与知识库中的知识进行匹配，此时可能发生如下三种情况：

第一种情况是已知事实不能与知识库中的任何知识成功匹配。

第二种情况是已知事实恰好只与知识库中的一条知识匹配成功。

第三种情况是已知事实可与知识库中的多条知识匹配成功，或者有多条（组）已知事实都可与知识库中某一条知识匹配成功，或者有多条（组）已知事实可与知识库中的多条知识匹配成功。

当第一种情况发生时，由于找不到可与当前已知事实匹配成功的知识，就使得推理无法继续进行下去，这或者是由于知识库中缺少某些必要的知识，或者是由于欲求解的问题超出了系统的功能范围等，此时可根据当时的实际情况做相应的处理。对于第二种情况，由于匹配成功的知识只有一条，所以它就是可应用的知识，可直接把它用于当前的推理。第三种情况刚好与第一种情况相反，它不仅有知识匹配成功，而且有多条知识匹配成功，这种情况通常被称为发生了冲突。

> 人工智能的发展及前景展望

此时，我们需要按某种策略解决冲突，以便从中挑选一条知识用于当前的推理过程，解决冲突的过程被称为冲突消解。解决冲突时所用的方法称为冲突消解策略。

在具体应用时，除了以上的排序策略以外，当然还有其他策略。另外，以上策略也不是单独使用的，经常会对上述策略进行组合，其最终目的都是尽量减少冲突的发生，使推理具有较快的速度和较高的效率。

四、高级知识推理

归结演绎推理和基于规则的演绎推理方法，都是建立在经典逻辑基础上的。不仅是所处理的事实与结论之间存在确定的因果关系，而且事实和结论本身也是确定的。这是一种运用确定性知识所进行的精确推理，同时也是一种单调性推理。

但现实世界中遇到的问题和事物间的关系往往是比较复杂的。人们在解决实际问题时，有时会因面临时间、事实和知识等已知资源的缺乏而不得不依赖于常识做某些假设（不确保正确的信念），以进行尝试性推理。一旦推理失败或发现矛盾，就撤销推理结果和导致矛盾的假设。显然，尝试性推理具有非单调性，这与传统的经典逻辑系统支持的单调推理不同。后者基于永真的公理集，仅是把该公理集隐含的事实显式化，从而使推理结果单调地增加，不存在需要撤销的推理结果。所以，经典逻辑推理技术不适用于非单调推理，必须开拓新的概念、方法和技术。

另外，在问题求解过程中，人的信念常常是不确定的或不精确的。不确定的信念不能以简单的真假逻辑加以表示。例如，有人约定于某个时刻与一个老朋友共进午餐，但通常不能完全肯定这个老朋友会如期赴约，因为不能排除他会碰到意外事件而耽搁时间。这里的不确定性取决于城市交通情况和老朋友的工作环境等。不精确的信念意指人的认识具有模糊性和近似性。

（一）经典逻辑系统的局限性

长期以来，经典逻辑的研究和应用一直处于主导地位，然而随着人工智能研究的深入，经典逻辑面临着一些无法解决的应用问题，从而出现了一些称为非经典逻辑的新逻辑学派。下面从不同侧面来说明经典逻辑和非经典逻辑的不同：

在推理方法上，经典逻辑采用演绎推理，而非经典逻辑采用归纳逻辑推理。

在辖域取值上，经典逻辑都是二值逻辑，即只有真和假两种，而非经典逻辑都是多值逻辑，如三值、四值和模糊逻辑等。

在运算法则上，两者也不相同。属于经典逻辑的形式逻辑和数理逻辑许多运算法则在非经典逻辑中是不能成立的。例如，狄·摩根定律在一些多值逻辑中也不再成立。这些例子充分说明了非经典逻辑背弃了经典逻辑的一些重要特性。

在逻辑符号上，非经典逻辑具有更多的逻辑算符。例如，谓词逻辑具有连接量词、存在量词和全称量词，由这些逻辑算符组成的谓词公式只能回答"什么是真"和"什么是假"的是非判断问题，而无法处理"什么可能真""什么应该真""什么必然假""什么允许假"之类的问题。非经典逻辑引用了附加算符（如模态算符）来解决上述面临的问题。

在是否单调上，两者也截然不同。经典逻辑是单调的，即已知事实均为充分可信的，不会随着新事实的出现而使原有事实变为假。这是人的认识的单调性。由于现实生活中的许多事实是在人们来不及完全掌握其前提条件下初步认可的，而当客观情况发生变化或人们对客观情况的认识有了深化时，一些旧的认识就可能被修正以至被否定。这是人的认识的非单调性。引用非单调逻辑进行非单调推理是非经典逻辑与经典逻辑的又一重要区别。

可见，非经典逻辑由于在表示与推理方法等方面的创新，从不同方面解决了经典逻辑系统中遇到的各种问题。

（二）非经典逻辑系统的创新

1. 非单调推理

在经典逻辑中推理是单调的，其单调含义是指被证明为真的命题数量随着推理的进行而严格地增加。在单调逻辑中，新的命题可以加入系统，新的定理可以被证明，由于新加入的命题必须与演绎推理系统相融，并且这种加入和证明绝不会导致前面已知的命题或已证明的命题变成无效，因而结论总是越来越多。演绎推理属于单调推理。

但是，人类的思维过程及推理活动在本质上是非单调的。这是因为现实世界中的一切事物都是在不断发展变化的，人们对它的认识总是处于不断的调整中，通常要反复经历"认识—再认识"的过程。在这一过程中，当有新知识被发现、获得时，原先已证明为真的命题及推出的结论就有可能会被否定，此时需要对它们进行修正，甚至抛弃。另外，人们通常是在知识不完全的情况下进行思维推理的，推出的结论一般带有假设、猜测的成分，缺乏充分的理论基础，因而它通常有错误，也允许改正错误。因此，在现实世界中，推理过程随着知识的增加，推出的结论或证明为真的命题并不随着条件的增加而单调地加，这种推理过程就称为非单调推理。

在现实世界中，这种非单调推理的例子是很多的，人们经常自觉或不自觉地运用这种推理。例如，某人患了某种疾病，经医生诊断、推理，得出了需要"注射青霉素"的结论。但当他去注射时，却发现皮试结果为阳性，这样就不得不取消"注射青霉素"的结论，而改用其他药物。当然，人们也可以把医生用于诊断疾病的知识弄得复杂一点儿，例如考虑到上述意外情况把推理知识写为：如果患某疾病，且皮试结果为阴性，则注射青霉素。但是仍然会有其他意外情况没有考虑到，如当时医院里没有这种药物等意外情况，很难把所有的意外情况都一一列出。由此可见，非单调推理是难以避免的。

非单调逻辑已成为人工智能研究中非常活跃的领域，需要非单调推理的理由可以归纳为以下三个方面：

第一，不完全信息的出现要求缺省推理。正如上面所述，缺省推理是非单调推理的典型表现。

第二，一个不断变化的世界必须用变化的知识库加以描述。世界是不断变化的，即使能获得关于问题求解的全部知识，也不能持久。当然变化仅涉及局部事物，其他的不变，这就是所谓的框架问题。解决的办法是取消那些已经变得不精确的知识，而代之以另一些更精确的知识。这就是说，在增加逻辑语句到知识库的同时也删除原有的语句，从而形成非单调推理。

第三，产生一个问题的完全解答或许要求关于部分解答的暂时性假设。有些问题求解系统虽然不存在上述两方面问题，但为了促进求解，往往也需要加进一些假设作为试探性的部分解答。这些假设可能不正确，人们需要在以后发现时加以修改或删除，从而形成非单调推理。

非单调推理比单调推理难处理得多。因为当一个假设被发现错误而撤销时，一系列基于它的推理结果都要撤销。所以，设计非单调推理系统的另一个关键问题在于防止系统花费过多的时间在这种处理上。

在非单调逻辑推理中有三个主要流派，即麦卡锡等人提出的界限理论（Circumscription Theories）："当且仅当没有事实证明 S 在更大的范围成立时，S 只在指定的范围是成立。"赖特（Reiter）等人提出的缺省理论（Default Theories）：S 在缺省条件下成立是指"当且仅当没有事实证明 S 不成立时，S 就是成立的"。穆尔（Moore）的自认识逻辑："如果我知道 S，并且我不知道有其他任何事实与 S 矛盾，那么 S 是成立的。"[1]

非单调逻辑大致分为两类：一类是最小化语义，称为最小化非单调逻辑；另一类基于定点定义，称为定点非单调逻辑。

最小化非单调逻辑分为基于最小化模型和基于最小化知识模型。前者主要有封闭世界假设、麦卡锡的界限理论等，后者包括 Konolige 的忽略逻辑等。麦克德莫特（McDermott）和多伊尔（Doyle）提出的非单调模态逻辑 NML，旨在研究非单调逻辑的一般基础，是一种一般缺省逻辑。赖特的缺省逻辑则是对缺省规则的一阶形式化。自认识逻辑是穆尔提出的，是对麦克德莫特和多伊尔的非单调逻辑语义不足的一种改进。

非单调系统的实现，可以通过矛盾的检测进行真值的修正来维护相容性，可称为真值维护系统，包括由多伊尔设计的正确性维持系统（Truth Maintenance System，简称 TMS），以及迪克勒（Dekleer）提出的基于假设的真值维护系统（ATMS）等。

2. 不确定性推理

既然人的信念常常是不确定的，就存在关于信念强度的问题，即确定性程度到底为多少。把指示确定性程度的数据附加到推理规则，并由此研究不确定强度的表示和计算问题，包括处理数据的不精确和知识的不确定所需要的一些工具和方法。这些工具和方法大多数是从实践中总结出来的，对不确定性的处理往往不够严格，在使用上也有很多局限性，但是它们却能解决一些问题，其结果能够给出令人满意的解释，符合人类认识世界的直觉。上面的非单调推理技术从一定程度上解决了不确定推理问题，下面将讨论另一类不确定性处理方法。它们主要包

---

[1] 王勋，凌云，费玉莲. 人工智能原理及应用 [M]. 海口：南海出版公司，2005.

括：在经验基础上抽象得到的确定性因子方法、基于 Bayes 理论的概率推理和基于信任测度函数的证据理论。

通常推理是指从已知事实出发，通过运用相关知识逐步推出结论或者证明某个假设成立或不成立的思维过程。其中，已知事实和相关知识是构成推理的两个基本要素。

一是已知事实又称为证据，是用以指出推理的出发点及推理时应该使用的知识。

二是相关知识是指推理得以向前推进，并逐步达到最终目标的依据。

在演绎推理中，已知事实以及推理时所依据的相关知识都是确定的，推出的结论或证明的假设也都是精确的，其真值或者为真，或者为假，不考虑可能为真或可能为假的情况。然而，现实世界中的事物以及事物之间的关系是极其复杂的，由于客观上存在的随机性、模糊性以及某些事物或现象暴露的不充分性，导致人们对它们的认识往往是不精确、不完全的，具有一定程度的不确定性。这种认识上的不确定性反映到知识以及由观察所得到的证据上来，就分别形成了不确定性的知识及不确定性的证据。

一般来说，问题的不确定性来自知识的客观现实和对知识的主观认识水平。在现实世界中，几乎没有什么事情是完全确定的，正如费根鲍姆所说的那样，大量未解决的重要问题往往需要运用专家的经验。经验性知识一般都带有某种程度的不确定性。在此情况下，如若仍用经典逻辑做精确处理，就势必要把客观事物原本具有的不确定性及事物之间客观存在的不确定性关系划归为确定性的，在本来不存在明确类属界限的事物间人为地划定界限，这无疑会舍弃事物的某些重要属性，从而失去了真实性。

由此可以看出，人工智能中对推理的研究不能仅仅停留在确定性推理这个层次上，还必须开展对不确定性的表示及处理的研究，这将使计算机对人类思维的模拟更接近于人类的真实思维。不确定性推理是建立在非经典逻辑基础上的一种推理，它是对不确定性知识的运用与处理。严格来说，所谓不确定性推理就是从不确定性的初始证据出发，通过运用不确定性的知识，最终推出具有一定程度的不确定性但却是合理或者近乎合理的结论的推理过程。

第二节　人工智能的研究方法

当前没有统一的原理或范式指导人工智能研究。关于许多问题，研究者们都存在争论。例如：是否应从心理或神经方面模拟人工智能？人类生物学与人工智能的研究有没有关系？智能行为能否用简单的原则来描述，还是必须解决大量完全无关的问题？智能是否可以使用高级符号表达，还是需要"子符号"的处理？

人工智能的研究目标是用人工方法和技术制造出智能系统。随着技术的进步，研究方法也在不断丰富，新名词不断涌现。人工智能在研究过程中与前沿理论和技术密切联系，研究方法也会趋于多样化。以下介绍一些目前常用的研究方法：

一、理论研究

理论研究方法是人工智能研究中最为基础的研究方法。它主要通过逻辑和数学方法来进行研究，探究人工智能的基本原理和理论，涉及对基本概念、原理和算法的学习，以及对问题和应用领域的深入理解。研究者通过阅读文献、参加学术会议和交流等方式积累知识和理解最新研究方向和进展。理论研究方法的重点在于发掘人工智能的原理和内在规律，以推进人工智能的发展和应用。同时，理论研究方法也为实验研究方法及其他研究方法提供了理论支持。

二、实验和仿真

实验和仿真是验证和评估新方法性能的有效手段。它们允许研究者在计算机或仿真环境中设计和实施算法，以观察和评估算法的表现。

实验研究方法是指通过实践和实验来研究人工智能。人工智能的实验研究包括软件仿真和硬件支持的实验，例如构建人工神经网络、实验智能机器人等。实验研究方法的重点在于通过实践探索人工智能的前沿技术，从而为实现人工智能应用提供技术支持。

模拟仿真研究方法是通过计算机模拟来研究人工智能。人工智能的模拟仿真研究包括虚拟实验和仿真实验两种方法。虚拟实验是在计算机上实现人工智能的理论研究，研究人员可以通过虚拟实验来模拟人工智能的内在机理和行为规律。

> 人工智能的发展及前景展望

仿真实验是在计算机上实现人工智能的实验研究，研究人员可以通过仿真实验来探索人工智能的特性和应用场景。

三、数据采集和标注

在某些应用中，数据至关重要。研究者需要采集和标注大量数据，以便用于训练、测试和评估算法。良好的数据管理和处理能力以及适当的数据采集方法是成功的关键。

（一）数据采集

数据采集是指从各种渠道获取原始数据的过程。在人工智能技术使用中，数据采集的方式多种多样，下面将介绍几种常见的数据采集方法：

1. 传感器数据采集

传感器是一种能够感知和测量物理量的设备，可以采集到各种环境信息。例如，通过温度传感器可以采集到室内外的温度数据、通过摄像头可以采集到图像数据、通过GPS可以采集到位置数据等。传感器数据采集可以实时获取数据，并且具有较高的准确性。

2. 网络爬虫数据采集

网络爬虫是一种自动化程序，可以模拟人类用户访问网页的行为，从网页中提取数据。通过网络爬虫，人们可以采集到大量的结构化数据，例如新闻文章、商品信息等。网络爬虫数据采集可以高效地获取大规模的数据，但需要注意遵守相关法律法规和网站的使用规则。

3. 人工标注数据采集

有些数据无法通过自动化方式获取，需要通过人工标注的方式进行采集。例如，对于图像数据，人们可以通过人工标注的方式给每张图片打上标签，标注图片中的物体、场景等信息。人工标注数据采集可以获取高质量的数据，但需要耗费较大的人力和时间成本。

（二）数据标注

数据标注是指对采集到的原始数据进行加工处理，为其添加标签或注释，使其适用于人工智能算法的训练和应用。下面介绍几种常见的数据标注方法：

1. 分类标注

分类标注是将数据按照某种分类标准进行分类，为其添加相应的标签。例如，对于图像数据，分类标注可以将图片中的物体进行分类，为每个物体添加对应的标签。分类标注可以为人工智能算法提供有监督学习的训练数据，提高算法的分类准确性。

2. 边界框标注

边界框标注是在图像中标注出物体的位置和大小。边界框标注可以为图像数据提供更详细的信息，使算法能够更准确地识别和定位物体。边界框标注常用于目标检测和物体识别等任务。

3. 关键点标注

关键点标注是在图像中标注出物体的关键点位置。例如，对于人脸图像，关键点标注可以标注出眼睛、鼻子、嘴巴等关键点的位置。关键点标注可以为人工智能算法提供更详细的信息，提高算法的精度。

四、统计方法

英国数学家雅可比发展了统计方法，包括大量观察法、统计分组法、综合指标法、统计模型法、统计推断法、统计报表制度、普查、抽样调查、重点调查、典型调查等。统计方法属于人工智能的重要研究方法，它是利用数学统计理论和技术来实现模拟人的思维推理，通过分析已有的统计数据，抽象出具有普遍有效性的数学公式，从而解决复杂的智能问题。该方法的完成过程主要包括数据采集、数据分析、模型构建和应用推断四个步骤，其特点是能够在合理的时间内完成大规模的计算，同时也可以有效地提取知识，从而达到解决问题的目的。

五、神经网络

神经网络是一种模拟人脑的神经网络以期能够实现类人工智能的机器学习技术。人脑中的神经网络是一个非常复杂的组织。成人的大脑中大约有1000亿个神经元。

神经网络是一种类似于人类中枢神经系统的抽象模型，是一种近似于人类大脑运行的现代信息处理系统。它是一种复杂的并行计算模型，主要可以用来分析、联想、识别、解释和预测等复杂的问题。它也有助于改进计算机的随机，解决复杂的决策问题、机器学习、模式识别等多种任务。

六、遗传算法

遗传算法是一种基于自然界中自然选择、遗传演化的原理，用于解决最优化问题的数学模型。它能够根据给定的优化函数，实现对潜在空间内的优化变量的评价给出最优解，从而在有限的时间内有效地得出最佳解。

遗传算法在人工智能领域中的应用广泛，尤其是在机器学习和优化问题中的应用，展现出非常出色的性能和效果。下面将更为详细地介绍基于遗传算法的人工智能研究的具体内容和应用：

（一）遗传算法的基本运算过程

遗传算法通常由四个主要操作构成：选择、交叉、变异和重复。在每次迭代中，遗传算法会在当前种群中选择一部分个体进行繁殖，然后对它们进行交叉和变异操作，生成一个新的种群，直到找到满意的解决方案。遗传算法的主要流程如下：

初始化种群：根据问题的特点和要求，生成初始的种群，并对其进行编码。

选择操作：按照某种适应度函数，从当前种群中选择一部分最优的个体，将其复制到新一代种群中。

交叉操作：将已选出的个体进行交叉操作，生成一定比例的新个体，加入新一代种群中。

变异操作：对新一代种群中的个体进行一定比例的变异操作，以增加搜索空间的多样性。

重复操作：重复以上步骤，直到找到满意的解决方案。

（二）基于遗传算法的人工智能应用

遗传算法被广泛应用于人工智能领域，在机器学习、自适应控制、图像处理、数据挖掘等领域取得了显著的成效。

1. 优化问题的求解

遗传算法在解决单目标或多目标的优化问题方面得到了广泛应用。比如，机器学习中的参数优化、神经网络的结构优化、自适应控制中的参数自调整等优化问题，都可以通过遗传算法得到有效的解决。

2. 图像定位和识别问题

遗传算法有时可以用来解决图像定位和识别问题，如物体检测、人脸识别、目标追踪、图像分割等。这些影像和特征识别通常是基于一些复杂特征和输入数据，而遗传算法可以支持图像的自主学习和匹配。

3. 数据挖掘和分析问题

遗传算法在人工智能领域的另一个重要应用是数据挖掘和分析问题，如聚类、回归分析、统计分析等。遗传算法可以优化在线性和非线性回归方法中的参数，以获得理想的预测精度。

七、仿生研究

仿生研究是指人们通过研究生物体结构与功能的工作原理，提出或开发出新的理论、方法和技术。对人工智能而言，仿生主要是研究大脑的结构与功能，为人工智能奠定理论和方法基础。人工智能仿生研究方法又分为三个方面：生理模拟、行为模拟和群体模拟。

（一）生理模拟

生理模拟是从人类大脑的生理层面（结构和工作机理）入手，通过数学算法模拟脑神经网络的工作过程，从而实现某种程度的人工智能。人工神经网络就是生理模拟研究的成果。反向传播（Back Propagation，简称BP）神经网络算法是早期著名的人工神经网络算法，曾被大量研究并报道。以BP神经网络为代表的各种神经网络算法初步实现了学习和推理等智能方面的功能。这种方法一般是通过人工神经网络的"自学习"获得知识,再利用知识解决问题。人工神经网络擅长模拟人脑的形象思维,便于实现人脑的低级感知功能,例如图像、声音信息的识别和处理等。人工神经网络已成为人工智能研究中不可或缺的研究方法。目前,著名的深度学习算法也是基于人工神经网络算法的。人工神经网络算法还有很多有待进一步发展的研究方向。

由于大脑是一个动态的、开放的、高度复杂的系统,人们至今还没有完全弄清楚它的生理结构和工作机理,因此,对大脑真正生理层面的模拟还难以实现。目前,神经网络的模拟还只是对大脑的简单模拟。随着人们对人类大脑认识的不断推进,将来可能会出现真正的生理层面的完全的大脑模拟,相信到那时,算法的功能将会更加强大。

(二)行为模拟

行为模拟是用模拟人和动物在与环境的交互、控制过程中的智能活动和行为特性(反应、寻优及适应等),来研究和实现人工智能的方法。这种研究基于"感知—行为"模式,故称为行为模拟。麻省理工学院的布鲁克斯教授基于这一方法研制的六足行走机器人(亦称为机器虫),曾引起人工智能界的轰动。这个机器人具有一定的适应能力,是运用行为模拟方法研究人工智能的代表作。布鲁克斯教授的工作代表了被称为"现场 AI"的人工智能新方向。现场 AI 强调智能系统与环境的交互,主张智能行为的"感知—行为"模式,认为智能取决于感知和行动,并且是可以逐步进化出来的,但只能在与周围环境的交互中体现出来。智能只有放在环境中才是真正的智能,智能的高低主要表现在对环境的适应性上。沿着"感知—行为"这一途径,人们研制出了具有自学习、自适应和自组织特性的智能系统及机器人,进一步开拓了人工智能的研究方向。

(三)群体模拟

群体模拟是模拟生物群落的群体行为,从而实现人工智能。到目前为止,群体模拟的研究主要集中在优化算法方面。例如:遗传算法模拟生物种群的繁殖和自然选择现象,并进一步发展为进化计算;免疫算法模拟人体免疫细胞的群体行为;蚁群算法模拟蚂蚁群体觅食活动过程中路径的优化现象;粒子群算法模拟鸟群觅食行为中的寻找食物与信息共享的现象等。以上群体智能的模拟是通过抽象群体活动中的个体行为特征和个体间信息交换的方法实现的，如遗传、变异、信息素浓度等操作。这些算法在解决组合优化等问题中有卓越的表现，很多人工智能的问题本身就是优化问题。群体模拟，或者称为群体智能算法，在人工智能领域有非常重要的地位。

八、原理分析和数学建模

原理分析和数学建模就是通过对智能本质和原理的分析，直接采用某种数学方法来建立智能行为模型。原理分析和数学建模这一研究途径和方法的特点也是用纯粹的人的智能去实现机器智能。20 世纪 90 年代，人工智能研究发展出复杂的数学工具来解决特定的分支问题。这些工具是真正的科学方法，即这些方法的结果是可测量和可验证的，同时也是近期人工智能成功的原因。共享的数学语言也允许已有学科的合作。人们用概率统计学处理不确定性信息和知识，建立了统计模式识别、统计机器学习和不确定性推理等一系列原理和方法，如高斯过程算法。人们用数学中的距离、空间、函数、变换等概念和方法，开发了几何分类、支持向量机等模式识别和机器学习的原理和方法。这类方法包含众多的建模算法，目前，研究和报道最多的算法中采用了这类方法，它们极大地支撑了人工智能的应用和发展。

第三节 人工智能的研究目标和内容

一、人工智能的研究目标

关于人工智能的研究目标，目前还没有一个统一的说法。斯洛曼（A.Sloman）于 1978 年给出了人工智能的三个主要目标：

第一，对智能行为有效解释的理论分析。

第二，解释人类智能。

第三，构造智能的人工制品。

➤ 人工智能的发展及前景展望

要实现斯洛曼的这些目标，我们需要同时开展对智能机理和智能构造技术的研究。揭示人类智能的根本机理，用智能机器去模拟、延伸和扩展人类智能应该是人工智能研究的根本目标，或者称远期目标。

人工智能的远期目标涉及脑科学、认知科学、计算机科学、系统科学、控制论及微电子学等多种学科，并依赖于这些学科的共同发展。但从这些学科的现状来看，实现人工智能的远期目标还需要一个较长的时期。

在这种情况下，人工智能的近期目标是研究如何使现有的计算机更聪明，即使它能够运用知识去处理问题，能够模拟人类的智能行为，如推理、思考、分析、决策、预测、理解、规划、设计和学习等。为了实现这一目标，人们需要根据现有计算机的特点，研究实现智能的有关理论、方法和技术，建立相应的智能系统。

实际上，人工智能的远期目标与近期目标是相互依存的。远期目标为近期目标指明了方向，而近期目标的研究则为远期目标的最终实现奠定了基础，做好了理论及技术上的准备。另外，近期目标的研究成果不仅可以造福于当代社会，还可以进一步增强人们对实现远期目标的信心，消除疑虑，以更多的研究成果证明人工智能是可以实现的。同时，近期目标和远期目标之间并无严格界限，近期目标会随人工智能研究的发展而变化，并最终达到远期目标。

二、人工智能研究的基本内容

结合人工智能的远期目标，人工智能的基本研究内容应包括以下五个方面：

（一）机器感知

机器感知就是使机器（计算机）具有类似于人的感知能力，其中以机器视觉与机器听觉为主。机器视觉是让机器能够识别并理解文字、图像、物景等；机器听觉是让机器能识别并理解语言、声响等。对此，人工智能中形成了两个专门的研究领域，即模式识别与自然语言理解。

（二）机器思维

机器思维是指对通过感知得来的外部信息及机器内部的各种工作信息进行有目的的处理。就像人的智能是来自大脑的思维活动一样，机器智能也主要是通过机器思维实现的。因此,机器思维是人工智能研究中最重要、最关键的部分之一。为了使机器能模拟人类的思维活动,使它能像人那样可以进行各种逻辑思维,需要开展以下五方面的研究工作:

第一,知识的表示,特别是各种不精确、不完全知识的表示。

第二,知识的组织、累积、管理技术。

第三,知识的推理,特别是各种不精确推理、归纳推理、非单调推理、定性推理。

第四,各种启发式搜索及控制策略。

第五,神经网络、人脑的结构及其工作原理。

(三)机器学习

人类可以通过获取新知识、学习新技能,并在实践中不断改进来提升自己。机器学习旨在赋予计算机这种能力,使其能够自主获取知识。通过书本学习、对话学习、观察环境学习等,计算机在实践中不断完善自己,从而弥补人类在学习过程中的一些不足,如遗忘、低效以及分散注意力等。

(四)机器行为

机器行为主要是指计算机的表达能力,即"说""写""画"的能力。与人的行为能力相对应,对于智能机器人,它还应具有人的四肢功能,即能走路、能取物、能操作等。

(五)智能系统及智能计算机的构造技术

想要实现人工智能的近期目标及远期目标,就要建立智能系统及智能机器,为此我们需要开发对模型、系统分析与构造技术、建造工具及语言等的研究。

第四节 人工智能的研究现状

自从1955年美国的计算机科学家约翰·麦卡锡首次提出"人工智能"一词,人们就在探讨计算机是否有可能具备类似于人类思维的能力。人工智能是指可表现出智能行为的硬件或软件的总称。人工智能技术的迅猛发展为各行业带来了全

➢ 人工智能的发展及前景展望

新的研究方向。人工智能并非仅仅对已有数据进行编程，而是在计算机中利用过去经验来模拟、延伸和应用人类智能理论和技术。然而，由于数据的混乱和复杂性，对其进行统计分析并从中获取相关的有用线索可能变得十分困难。神经网络的出现使人工智能更有效地处理大量数据，并对其进行分析、预测和优化。目前，建设人工智能数据中心更有利于支持相关应用的发展。人工智能实质上可以被视为一种类似于仿生学的直观方法。通过这种方法，计算机达到了与人类在类似环境下行为相似的功能，这也离不开人工智能技术的支持。

目前，人工智能已经广泛应用于教育学、医学、经济、文化、旅游、公共服务等领域。由于当前需要存储的数据量较大，数据的维度也非常广泛，因此借助人工智能深度学习算法可以优化数据的复杂特性，提升数据的利用效率，从而推动了数据中心的兴起与发展。数据中心是全球互联的设备网络，其主要用于传递、加速、展示、计算和存储数据信息，以支持互联网基础设施的运行。通过利用人工智能算法对数据进行分析，数据中心可以帮助人工智能有效地解决问题，从而极大地提升工作效率。因而，建设数据中心已成为迈向信息时代的关键节点。人工智能在各领域有着实际应用价值，特别是人工智能与其他学科相结合时，可以更好地推动各学科的智能化发展。研究近年来我国人工智能数据中心的相关学术文献，能及时了解我国在这一领域的研究情况和研究重点。利用信息计量学统计分析，有助于促进人工智能等新技术的发展。

一、数据来源

以我国知网为检索数据库，在高级检索中使用检索式（SU=人工智能 AND SU=数据中心）来进行检索，时间筛选条件为 2017 年 1 月 1 日到 2023 年 12 月 31 日，共得到文献 2011 篇。其中，学术期刊 1424 篇，学位论文 186 篇，会议 62 篇，报纸 195 篇。

将检索出的文献二次人工处理，删除缺少作者、机构等关键信息的论文后，我们将得到的有效文献作为文献研究基础，运用词云可视化、关键词聚类、作者分析、时间线图等方面对人工智能数据中心进行文献计量学统计。

二、结果可视化

（一）发文量检索

随着人工智能的迅猛发展，建立数据中心得到各级政府的高度重视，并获得国家产业政策的重要支持。建设数据中心和运用人工智能算法，可以促进国家新兴工业化产业示范基地建设，并研究工业互联网的基础理论和实际需求，为智能制造创造更广阔的市场机遇。

如图 2-4-1 所示，为 2017—2021 年人工智能数据中心相关主题的发文年度趋势。从发文量来看，每年发文量呈现逐步上升的趋势，尤其在 2020 年发文量快速增长，而后总体趋势较为平稳。例如，我国在 2017 年 5 月发布《数据中心设计规范》，该规范建立了数据中心的建设标准，此标准的建立可为数据中心的技术先进、节能环保、安全可靠保驾护航。同时，2019 年和 2020 年政府工作报告提出的"加强人工智能、工业互联网、物联网等建设"政策，为这些学术论文提供了新的研究思路。这些学术论文结合国家政策，探讨人工智能数据中心联合工业互联网的落地，更能为我国实施制造强国战略的第一个十年行动纲领——智能制造 2025，提供相应的理论基础，促进其发展。[①]

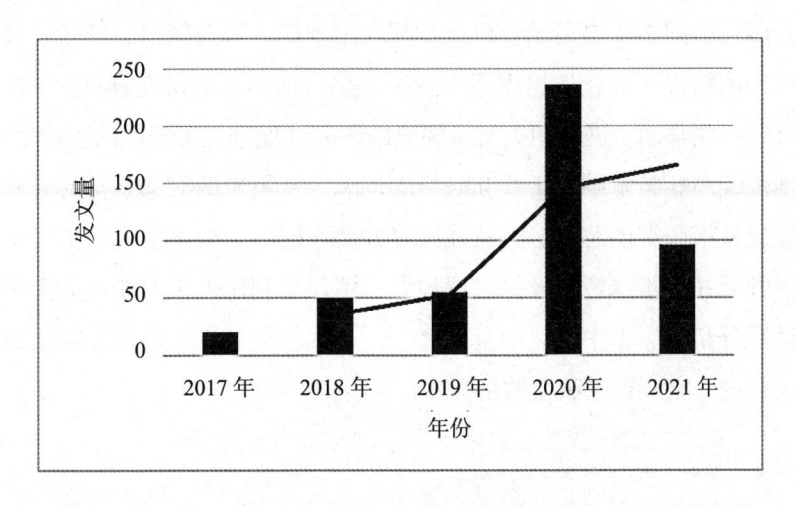

图 2-4-1 2017—2021 年人工智能数据中心相关主题研究文献发文情况

---

① 李凌波.近五年我国人工智能数据中心研究现状的可视化分析[J].电脑与信息技术，2023，31（2）：93-96.

➢ 人工智能的发展及前景展望

（二）作者可视化

纳入发文量超过2篇的作者为核心作者，共有35位。由作者共现网络发现以章继钢、赵志远、季莹为代表的紧密型团队，成员合作关系较为密切，且发文量较大；也有小团体的合作，例如郑嘉琪、梁宇芳、毕凤至、李振、夏序田、陶力，两两之间都有合作关系；同时，也有简单合作关系的作者，例如任泽平和熊柴、潘慧和刘启强、曹方和王凡。同样，还有许多独立研究的作者，例如单祥茹、李薇、郭晓东等。但是，目前对人工智能数据中心的研究作者还是没有形成较多、较成熟的研究团队，都是以稀疏的作者分布为主。

对研究人工智能数据中心的研究，集中在我国信息通信研究院云计算与大数据与赛迪研究院。通过这两大机构对人工智能数据中心的调研，相关学术文献能在此基础上对数据中心的应用进行探讨。但是由于目前参与研究的机构与研究团队较少，人工智能数据中心的研究还处于发展阶段。

（三）关键词结果

1. 关键词统计分析

对所有有效文献进行关键词统计分析，得到我国人工智能数据中心的相关关键词词云图，如图2-4-2所示。可以发现人工智能、知识图谱、特征向量、深度学习、神经网络等研究领域出现频次较高，是目前学者的研究重点。[1] 在后续研究中，可以在此基础上进行相关交叉领域的研究，促进人工智能的理论落地。

根据现代高新技术结合工业互联网的理念，接下来的交叉学科的研究方向可以放在智慧城市、智能芯片、智慧社区等方面。同时，交叉学科的研究应当结合产业制造领域并注重绿色、环保发展理念；不仅要利用人工智能相关算法，更要使用云计算分布式、去中心化的基础算力，达到新型基础设施的互联互通，加强数字中国建设，完成智能制造的目标。

---

[1] 李凌波.近五年我国人工智能数据中心研究现状的可视化分析[J].电脑与信息技术，2023，31（2）：93-96.

图 2-4-2　人工智能数据中心的相关关键词词云图

2. 关键词网络分析

人工智能数据中心内容主要包括利用人工智能、云计算、大数据、物联网、区块链等新兴技术在基础设施、智慧城市、智慧医疗、智能制造等方面进行研究。人工智能出现频次最高，而云计算、物联网、智慧城市等关键词近年来关注量较大，成为新的研究趋势（图2-4-3）。

同时，从人工智能到数据中心，又从数据中心发展到各个产业，进一步完成信息化与工业化的集成目标，满足企业的信息化需求目的，基于人工智能与信息化理念完成相关的智能制造、技术支持服务，完成我国《"十四五"规划与2035年远景目标纲要》中提出的创新制造新模式。

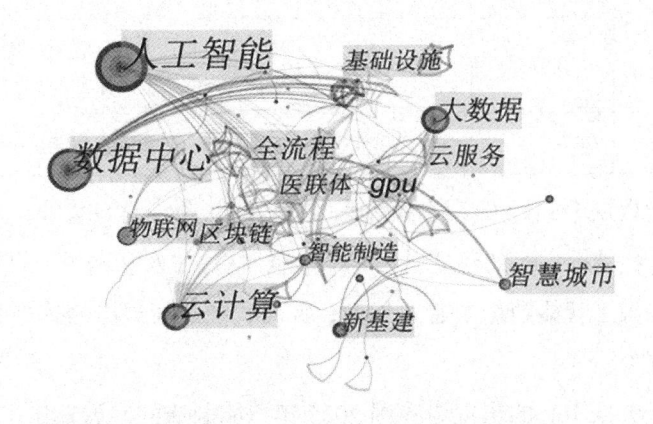

图 2-4-3　人工智能数据中心研究文献高频关键词共现网络

▷ 人工智能的发展及前景展望

3. 关键词聚类分析

从 2017 年开始，人工智能就已经得到学术界的重视，而发展到现在各个行业都开始应用人工智能相关技术。利用人工智能技术并结合数据中心的快速发展，安防、医疗平台、智能巡检、公众服务等产业近年来得到迅速发展，截至 2022 年，已经形成了相关的产业园区、产业集群，立足在相关人才的培养上，为实体经济的发展发挥重大的作用。

同时，对我国人工智能数据中心研究文献关键词聚类进行列表分析，如表 2-4-1 所示。根据表 2-4-1 可知，目前人工智能数据中心已经应用于智能制造，例如智慧城市建设、众创空间、云平台、智能运维等，并使用数据挖掘技术提供风险管控、预警决策、知识定制等功能。未来的研究热点还可以基于这些内容，进行技术融合。

表 2-4-1 人工智能数据中心研究文献关键词聚类列表

序号	size	子聚类轮廓值	LLR 对数似然率标签名	关键词（部分）
#0	30	0.846	智能制造	人工智能；数据中心；智能制造；智慧城市
#1	27	0.971	数据中心	数据中心；边缘计算；信息融合；监数据驱动；智能应用；私有云平台
#2	27	0.982	区块链	众创空间；产业对接；智慧城市建设数据中心；区块链；数据挖掘
#3	26	0.904	人工智能	人工智能；风险管控；预警决策；智能终端
#4	24	0.873	大数据	云数据中心；工业互联网；智库平台；知识定制；大数据；云服务
#5	22	0.782	产业链	掌控平台；产业链；智能运维；智能技术

人工智能数据中心近五年发展迅速，尤其是以大数据为基础，人工智能算法为媒介的新一代数据中心的建立，奠定了数据融合、"互联网+"的基础，更使得国家大力发展人工智能数据中心。然而，针对我国最新提出的碳中和背景，相关研究文献还较少。

人工智能数据中心的出现为我国 2035 年智能制造的发展奠定了坚实的基础。

在数字经济时代，人工智能数据中心已经开始逐步落地实现，尤其在实体制造业、物联网方面发展较为迅速。

人工智能数据中心研究领域在未来的研究方向应注重以下几个方面：人工智能的落地实现的研究依然是未来的热点；作者之间通过机构加强沟通交流，促进人工智能数据中心研究领域的发展；研究者应利用人工智能、云计算、大数据等为核心技术，结合智能工业，提高研究质量，大力创新，推动我国智能制造2025的发展；在大规模使用相关数据中心时，还要考虑数据中心的资源利用水平、绿色节能水平、如何更好地构建相关产业生态。

第三章 人工智能的关键技术及发展

人工智能是一门交叉学科，由控制论、计算机科学、神经生理学、语言教育学、哲学、心理学、数理逻辑等多个学科领域互相渗透而成，主要研究如何应用计算机的软硬件来模拟人类决策判断行为。目前，人工智能技术已经在计算机视觉、知识图谱、虚拟现实/增强现实、生物特征识别等多个领域取得一系列实用性的成果，并广泛应用于金融身份认证、监控安防、教育、智能客服、物流、医疗等行业。本章为人工智能的关键技术及发展，分别从人工智能关键技术概述、人工智能关键技术发展现状、人工智能关键技术发展趋势三个方面展开介绍。

第一节 人工智能关键技术概述

一、计算机视觉技术

计算机视觉也称机器视觉，是涵盖神经生理学、计算机科学、数学、信号处理和神经生物学等领域的综合学科，其目标是正确表达和理解环境，核心问题是研究如何组织接收到的图像，准确识别物体和场景，正确解释或阐述图像内容。

计算机视觉技术的工作原理是利用图像采集设备代替人眼，将采集到的物体图像变换为数字图像格式，再用计算机代替人脑对图像进行分析（以摄像机代替人眼、计算机代替人脑对事物的认识和思考），实现对目标的分割、分类、识别、跟踪、判别决策等功能。计算机视觉技术包括图像增强、图像平滑、图像编码传输、模式识别和图像理解等技术。

一个完整的计算机视觉系统主要由三个层次构成（图 3-1-1）：图像知识层、图像特征层和图像数据层。图像知识层关注如何将所得到的图像特征"翻译"为描述其内容的语义信息；图像特征层即图像信息的获取，涵盖范围非常广泛，既包括形状、颜色空间位置等与像素信息直接相关的底层图像特征，也包括更接近图像语义描述的各种统计学特征及频域纹理特征，或者是描述图像分布的全局特征及某目标区域的局部特征等；图像数据层处理的是像素级的数据信号，包括图像获取与传输、图像压缩、降噪等技术。

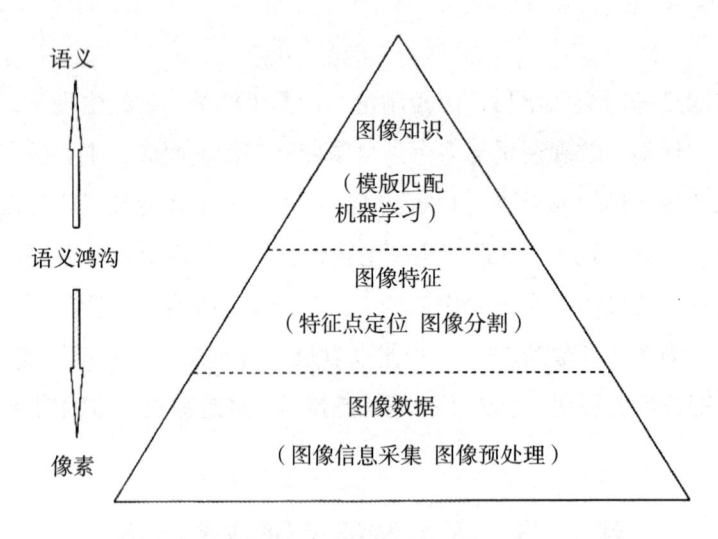

图 3-1-1　计算机视觉系统构成

典型的计算机视觉应用系统主要由图像采集、光学成像系统、数字化模块或数字图像处理、智能决策模块等子部分构成。

计算机视觉技术主要经历了四个发展阶段：20 世纪 50 年代，计算机视觉被归类为模式识别领域；20 世纪 60 年代，麻省理工学院正式开设计算机视觉课程，标志着计算机视觉技术研究体系的最终形成；20 世纪 80—90 年代，在逻辑学和知识库推理的支持下，计算机视觉识别系统演变成专家推理系统；21 世纪初，计算机视觉领域逐渐引进深度学习、卷积神经网络、循环神经网络等算法，图像识别率不断提升。2007 年至今，计算机视觉与计算机图形学的相互影响日益加深，基于图像的绘制成为研究热点，高效求解复杂全局优化问题的算法快速发展。

计算机视觉技术最主要应用的领域是安防领域，占据计算机视觉应用领域的 68% 左右，广告营销占据 1/5，其他一些应用领域主要有金融身份认证和互联网娱乐等。

2000年以前，全球计算机视觉技术专利申请量比较平稳，此后几年增长迅速，特别是2015年以后，全球专利申请量急速上升，这可能得益于以下方面：深度学习算法和传感器技术的发展，以及神经网络技术等新方法的广泛运用；相关应用领域的急剧扩张，特别是计算机视觉技术在2015年已超过人类水平。我国计算机视觉技术专利申请起步较晚，但在较强的研发基础和实力的推动下，专利申请量增长迅速，特别是2005年以后，专利申请量急速上升。主要原因在于：国内相继颁布的利好政策，有力地促进了计算机视觉技术的研发和应用，相关企业不断涌现，推动着国内计算机视觉技术行业火热发展；国际上大数据资源为计算机视觉算法模型提供源源不断的素材，GPU的出现使运算能力大幅提升，均有助于推动计算机视觉技术快速发展。

二、知识图谱关键技术

知识图谱以结构化的形式描述客观世界中实体、概念及其关系，将散落在网络各个角落的知识碎片表达成更接近人类认识世界的形式，提供一种更高的管理、组织和理解互联网海量信息的能力。目前，知识图谱主要应用于大数据分析与决策、知识融合、语义搜索、智能问答等领域，已经成为互联网智能化发展的核心驱动力之一。

海量的互联网知识并未以人类和客观世界存在的各种关系而相互连接，而客观世界特别是人类世界存在的各种各样的常识性关系（父母兄弟、春夏秋冬、潮汐涨落、亲朋好友等）又恰恰是人工智能的核心。知识表示就是将客观世界存在的常识性关系转换成计算机能够存储和计算的结构或模型。

20世纪90年代，美国麻省理工学院（Massachusetts Institute of Technology，简称MIT）AI实验室的R.戴维斯（R.Davis）认为，知识表示主要具有以下五种用途或特点：计算机可识别的客观世界的指代（AKR is a Surrogate）、描述客观世界的概念和类别体系（AKR is a Set of Ontological Commitments）、一个可智能推理的模型（AKR is a Theory of Intelligent Reasoning）、一种高效计算的数据结构（AKR is a Medium for Efficient Computation）和一个人类表述的媒介（AKR is a Medium of Human Expression）。

知识图谱技术将客观世界简化为实体、概念及其关系，实体就是客观存在的事物，概念则是对相同属性实体的概括和抽象。知识表示学习是知识图谱语义链接预测和知识补全的重要方法，它将实体和关系表示为稠密的低维向量，并在分布式表示后，高效地实现语义相似度计算等操作。知识表示学习能够大幅提高对实体和关系的计算效率，有效缓解知识稀疏，实现异质信息融合，对于知识库的表示、构建和应用意义重大，它也是研究人员关注和研究的热点方向。

实体识别与链接主要是使用深度学习、数据挖掘和统计技术从网页中提取各种类型的实体，比如人名、地名、商品等，并将这些实体链接至现存知识图谱。命名实体识别是指识别网页中的指定实体：人名、专有名词、商品名称、地名和机构名称等。命名实体识别还要准确辨识一个字符串是不是一个完整的实体，并对其进行分类处理。实体链接的目的是将句子中提到的实体与知识库中对应的实体精准接洽。

实体关系学习也称关系抽取，是针对网页文本内容，自动检测与识别出客观世界中实体与实体之间所存在的错综复杂的联系或语义关系。比如，文本"2018年10月1日，在中国首都北京（政治中心、经济中心和文化中心）天安门广场举行盛大的升国旗仪式"中的关系可以表示为（中国，首都，北京）（中国，政治中心，北京）（中国，北京，天安门广场）等。关系抽取的重要作用是为知识图谱构建过程的多种应用提供支持，具体表现为：大规模知识图谱的自动构建；为信息检索和智能问答系统提供支持；提高自然语言理解的性能和正确率，搭建从简单自然语言处理技术到真正语言理解应用间沟通的桥梁，以及改进实体链接、机器翻译等自然语言处理领域诸多任务的性能。

事件是发生在某个特定时间点或时间段、某个特定地域范围内，由一个或者多个角色参与的一个或者多个动作组成的事情或者状态的改变。也可以简单地认为，事件是促使事物状态和关系改变的条件。事件识别研究的是如何从网络文本中抽取事件相关信息（时间、地点、任务、发生的事情或状态的改变），并结构化呈现出来。事件识别研究的核心概念有：一是事件提及。网页文件对事件的描述，可能存在不同的描述版本，或分散于不同的网页文档、网络位置等。二是事件触发器。最能代表事件发生的动词或名词。三是事件变量。时间、地点、人物等组成事件的核心变量。四是事件类型。由事件触发器和事件变量所决定的事件类别。事件检测与追踪旨在将网络新闻按照事件进行分类，将网络新闻分割为事件、发现新的事件和追踪以前事件的最新进展，为新闻监控提供核心技术，方便用户了解新闻的历史及最新发展。

随着实践的不断发展和知识图谱研究的不断深入，人们发现知识图谱存在以下两个问题：知识图谱不完备和知识图谱存在错误的关系。其中，前一个问题会产生无应答现象，而后一个问题则会给出错误的答案。为解决上述问题，我们需要对知识图谱的推理进行较为深入的研究。知识图谱的推理是指基于现存的知识图谱推导出新的实体间关系，大致可以分为基于符号的推理、实体关系学习法和模式归纳法三种。

传统搜索技术主要是以关键词、网页链接结构和倒排索引等为搜索依据。比如百度的传统搜索方式就是以关键词、与查询网站有链接关系的其他网站、用户点击情况等来决定最终显示出来的搜索结果。百度其实并不理解用户搜索内容的具体含义，当用户搜索"上海最好喝的奶茶店"时，它只是机械地搜索一些包括关键词"上海""最好喝""奶茶店"的网页呈现给用户。

语义搜索则与此完全不同，它在看到用户输入的自然语言后，不再局限于尝试匹配几个关键词，而是试图透过语句字面词句解析出语句背后所隐含的用户的真实意图，据此在网络海洋中进行匹配、搜索，准确地返回真正符合用户需求的内容。比如，搜索"新疆最好的奶茶店"，百度的语义搜索功能就会解析出用户的需求（喝奶茶），向用户返回"新疆地区奶茶排行榜""2018年奶茶十大品牌"等符合用户需求的搜索结果。或者，当用户输入Surface Pro4，计算机就会进行推理：Surface Pro4是Surface Pro3的升级版吗？有没有最新的Surface Pro5、Surface Pro6呢？并且要准确理解Surface Pro4和Surface Pro3的具体含义。简言之，语义搜索就是借助对自然语言的理解，利用语义技术将推理结合进搜索结果，梳理清楚并勾勒出实体背后的交互关系所组成的世界，满足用户日益提高的查全率和准确率的要求。

智能问答也需要深入分析自然语言的语义，解析出用户的真实意图，然后利用推理、匹配和搜索技术在知识图库中获得准确的答案，这一点与语义搜索技术类似。智能问答是以直接而准确的方式回答用户自然语言提问的自动问答系统，将构成下一代搜索引擎的基本形态。不同于语义搜索的地方在于：智能问答回复的答案不是链接形式的页面，而是精准的自然语言式答案。智能问答需要利用词法分析、句法分析、搜索、知识推理、语言生成等技术，抽取自然语言中的关键语义信息，分析出用户的真正意图，并将知识图库的答案以自然语言形式反馈给用户。

三、虚拟现实／增强现实技术

虚拟现实是指计算机和附属设备（头戴显示设备）模拟产生的虚无三维空间，体验者如身临其境般沉浸其中，并与虚拟事物发生交互行为。虚拟现实是计算机图形学、人机交互技术、传感器技术、人工智能技术的交叉融合。虚拟现实侧重于"虚拟"和"现实"：计算机所构建的三维空间及景物可能存在于现实世界，也可能是虚构的空间。在这个虚构的空间里，体验者"置身其中"，操纵特殊装置，主宰周边的虚拟环境和事物，利用"投射"进入虚拟环境中，在自我实现过程中享受着客观世界所无法实现的临场感。

增强现实是在虚拟现实技术基础上发展起来的一种新技术。增强现实技术最突出的特性体现在"增强"二字上——对真实世界的增强：将计算机所产生的虚拟场景（图片、文字、物体等）叠加到真实世界中，动态增强现实环境。虚拟世界与现实世界互相增强、互为补充，达到虚实结合、实时交互、三维注册的效果，拓宽和增加了体验者对真实世界的感知。

增强现实和虚拟现实两者间存在着密切的联系，差别也显而易见。

（一）浸没感不同

虚拟现实技术将虚拟的体验环境与真实世界隔绝开来，让用户的听觉、视觉和感觉完全沉浸在虚拟空间中。这种体验是通过使用一种将虚拟环境与现实环境隔绝开的浸入式头盔来实现的，佩戴上这种头盔后，用户是完全看不到客观世界的。而增强现实则完全不同，增强现实致力于将虚拟空间与真实世界融为一体，用户佩戴上透视式头盔显示器，就可在对真实世界感官不变的情况下，体验被虚拟环境增强了的真实环境。

（二）"注册"含义和精度不同

"注册"是指虚拟环境与用户感官的匹配，在浸入式虚拟现实系统中，用户走进一片草原，看到一头狮子扑过来，会由远到近听见吼叫声，这其实是视觉、听觉和本体感觉之间的误差。心理学研究表明，视觉比其他感觉更真切。在增强现实系统中，虚拟物体与真实环境是完全对准的，且这种对准关系会随着用户在真实环境中位置的变换做出相应调整。

（三）逼真度提高与对硬件要求的程度不同

精确再现真实世界的虚拟现实对计算机硬件要求非常高，在现有技术水平下，逼真效果并不理想，与人的感官要求尚有一定差距；而增强现实技术则是将虚拟情景直接叠加到真实世界，虚拟场景和真实世界共存于一个空间，这就大量减少虚拟场景的架设，大幅降低对计算机图形技术的要求。

（四）应用领域不同

虚拟现实强调用户在虚拟的三维空间中的感觉、听觉、触觉和味觉的沉浸感，对于用户来说，看到的场景是存在的；对于所构造的物体来说，却又不存在。因此，虚拟现实主要用于模仿高危、高成本的情景，比如医疗研究与解剖训练、军事与作战训练、城市规划等领域；增强现实并非以虚拟世界代替真实世界，而是利用虚拟的附加事物增强用户对真实环境的体验感。增强现实主要应用于远程机器人操作、精密仪器制造与维修、军事与战斗训练等领域。

近年来，信息技术、精密加工技术以及市场需求的持续旺盛、快速发展推动下，众多科技创新企业纷纷布局 AR/VR 头戴显示设备，开展科技研发和专利申请，我国与世界年专利申请数量在 2010 年之后急剧上升。

四、生物特征识别技术

生物特征识别是融合计算机科学与声学、光学、生物统计学、生物传感器等技术的交叉学科，研究目的是利用人体的生理特征（指纹、虹膜、人脸等）和行为特征（声音、步态、笔迹等）进行身份识别、认证。生物特征识别技术常用的特征模态有：指纹、人脸、虹膜、声纹等。

➢ 人工智能的发展及前景展望

（一）指纹识别技术

指纹是指手指末端正面皮肤上凹凸不平的纹线（乳突线）。通常，纹线的起点、终点、分岔点、交叉点等称为指纹的细节特征点。两枚手指纹线的总体特征（肉眼可识别的特征）可能会相同，细节特征不可能完全一样。一般来说，每个指纹能测量到的、独一无二的特征点有几十个，而每个特征点又会有5～7个特征，10根手指指纹图像就可以产生数千个独一无二的特征。所以，指纹特征识别是一种比较安全、可靠的身份认证技术。

（二）人脸识别技术

人脸识别技术是基于人类脸部特征信息而进行身份认证的一种识别技术，具有与生俱来、唯一性、不易复制性和可靠性等特点，人脸识别的优点在于非接触性、非强制性和并发性。目前，主流的人脸识别理论有：基于光照估计模型理论、优化的形变统计校正理论和独创的实时特征识别理论等。常见的人脸识别算法主要有：基于人脸特征点的识别算法、基于整幅人脸图像的识别算法、基于神经网络的识别算法等。

（三）虹膜识别技术

人的眼睛外观由巩膜、虹膜和瞳孔组成，眼球外围的白色部分是巩膜，眼睛中心是瞳孔，巩膜与瞳孔之间的部分就是虹膜。虹膜是基于像冠、水晶体、细丝、斑点、结构、凹点、射线、皱纹和条纹等的特征结构形成于胎儿发育成熟阶段后，具有终生不变性和唯一性等特点。许多研究认为，生物特征识别方法中虹膜识别的错误率最低。虹膜识别技术大致可以分为以下几类：基于图像的方法、基于相位的方法、基于奇异点的方法、基于多通道纹理滤波统计特征的方法、基于频域分解系数的方法、基于虹膜信号形状特征的方法、基于方向特征的方法和基于子空间的方法。目前，业界影响力比较大的虹膜识别系统主要有Daugman、Wildes、Boles和中科院虹膜系统等。

（四）声纹识别技术

声纹识别技术是利用说话者的嗓音、频率和语言学模式等能够表示身份特征而进行身份验证的技术。声纹识别技术的优点在于隐蔽提取、识别成本低廉、可远程验证和算法复杂度较低等,局限在于声音并不具终身不变的生理特征,易受周边环境的噪声以及说话者的年龄、身体状况、情绪等因素影响,多人说话情形下较难提取等。目前,声纹识别技术主要运用于安全性要求不高的场景中,比如智能电视、智能音箱等。

第二节 人工智能关键技术发展现状

一、改善计算机视觉图像质量

(一)图像增强

图像增强是指利用计算机或光学设备,借助图像增强算法,通过抑制图像中不需要的信息或噪声,增强图像对比度、层次感与细节,以及突出显示图像中的某些特性等,达到改善视觉效果,提高图像可判读性的目的。

目前,比较流行的图像增强技术有灰度变换、同态滤波、直方图修正和频域滤波。灰度变换技术的主要作用是增强图像对比度或突出显示某些特征,提高图像清晰度;同态滤波先将非线性噪声线性化,用线性滤波器抑制消除噪声后,再进行指数变换,得到噪声抑制后的清晰图像;直方图修正分为直方图均衡化和直方图规定化,目的是拉开图像的灰度间距或使图像灰度均匀分布,增大反差,使图像细节更加清晰;频域滤波分高通滤波和低通滤波两种,图像中灰度级变换较缓慢部分对应于频域中的低频成分,而其边缘细节以及图像的噪声等剧烈变化的部分则对应于高频成分。采用低通滤波方法可以使图像区域更加平滑;若要增强图像边缘细节,使图像更加锐化,则采取抑制图像的低频平滑部分,增强图像的高频部分。

(二)图像平滑

图像产生、传输、复制和处理过程中不可避免地会受到噪声干扰产生数据缺失,造成图像失真现象,这就需要对图像进行平滑处理,抑制干扰噪声,减小突变梯度,改善图像质量。从某种意义上来说,图像平滑的过程也是滤波的过程,甚至有平滑滤波法之说。图像滤波是在尽可能保留图像细节特征的前提下,抑制

▶ 人工智能的发展及前景展望

或消除图像噪声，图像滤波处理效果直接会影响后续图像处理的可靠性和有效性。一般来说，图像能量大多集中在幅度谱的低频和中频段，高频段附近有效信息经常会被噪声所掩盖或淹没。因此，平滑滤波主要就是用滤波器降低高频成分幅度，进而抑制噪声。平滑滤波是低频增强的空间域滤波技术，目的就是模糊和降噪，最常见的滤波算法有均值滤波、中值滤波、高斯滤波和双边滤波。

均值滤波的思想很简单，先找到一个目标像素，而后以该像素周边 8 个像素的均值来代替其本身，这是一种线性滤波算法。均值滤波算法对孤立点、噪声大的图像非常敏感，即便是极少数像素点与周边像素点有较大差异，也会导致平均值产生明显的波动。中值滤波的思想与均值滤波相似，区别在于不是用周边像素的平均值代替像素本身，而是用周边像素灰度值的中值进行替代，它是一种非线性滤波算法。中值滤波算法能在避免孤立噪声点影响，高效滤除脉冲噪声的同时，最大可能保证信号边缘不被模糊处理。高斯滤波被广泛应用于图像噪声消除，它对高斯噪声的消除尤为有效。高斯滤波的思想是将每一个像素点都用自身和周边像素点的平均值进行替换，其实质就是对整幅图像进行加权平均处理，是一种线性滤波算法。高斯滤波对消除近似服从正态分布的噪声效果较好，缺点是可能会破坏图像边缘部分。双边滤波也采用加权法对像素与其领域像素进行处理，不同于其他滤波的地方在于双边滤波采用的加权计算法包括两个部分：第一部分与高斯滤波相同，第二部分是基于周边像素与中心像素的亮度差值的加权。双边滤波优点在于可以做边缘保存，缺点在于对高频信息保留过多，以至于难以干净地滤除彩色图像里的高频噪声。

（三）图像编码和传输

视频设备采集的原始图像数据量都很庞大，占据很大的存储空间，就目前的通信基础设施而言，完全使用原始图像实现远程通信还不太现实。图像压缩编码就是在不失真的前提下，用尽可能少的比特数来表示图像，并能够确保复原图像的质量。随着信息技术的飞速发展，互联网已成为人们获取信息不可或缺的手段之一，这也对高质量视频、图像远程快速传输有了更多需求，对图像进行压缩编码很大一部分原因也是来自利用互联网实现高质量、高速度远程通信的要求。

原始图像数据普遍存在大量的空间冗余和时间冗余。空间冗余是指图像内各像素间是高度相关的，存在很大的冗余度，浪费很多比特数，造成图像占据较大存储空间。比如，一幅非常规则的纯红色图像，光的亮度、饱和度和颜色都一样，这幅图像就存在很大的冗余，完全可以用图像中某个像素点的值（亮度、饱和度和颜色）来代替其他像素点，实现图像压缩。时间冗余度是指在一个图像序列的两个相邻图像间或前后帧之间存在较大关联，会造成闲置比特数过多，占据存储空间。比如，从电影片段中抽取连续两张静止画面，这两张画面基本一模一样，就完全可以用一张画面数据来代替另一张画面，实现100%压缩。

数据（静止图像、视频、音频）压缩流程分四步：准备、处理、量化和编码。准备是对数据进行D/A转换和生成适当的数据表达信息，之后利用复杂算法对数据进行压缩处理，经过量化后，对数据进行无损压缩。图像传输就是按照一定的要求对信源和信道进行处理后远程传输图像的过程。信源处理是指在保证图像不失真的前提下，对图像信息量进行大幅压缩，使其适应信道的带宽和传输速率要求，分为模拟处理和数字处理两种；信道处理是指在受到各种干扰的情况下，保证图像数据沿信道正常传输和正确接收，包括信道均衡、失真或差错控制和调制，调制方法有模拟调制（AM、FM）和数字调制（2FSK、QPSK、16QAM）。

（四）图像锐化

当图像获取方法存在缺陷或者在处理数字图像过程中平滑过渡和传输失真使图片质量降低、图像模糊时，可采取图像锐化的处理方法。图像锐化的目的是增强灰度反差和图像边缘，使图像变得更加清晰；识别出目标区域或物体的边界，便于进行图像分割。图像平滑过程的均值处理会产生钝化效果，致使图像模糊。因此，可以考虑使用微分法锐化图像，让图像更加清晰。图像锐化过程中，在边缘细节得到加强的同时，噪点也被加重。在实践中，为获得满意的锐化效果，往往会结合使用多种锐化处理方法。

（五）图像分割

图像分割是指把图像分割成具有特性的区域（灰度、颜色、纹理等），然后提取出感兴趣的区域（单个或多个）的技术和过程。主流的图像分割技术有串行边界分割技术、串行区域分割技术、并行边界分割技术、并行区域分割技术和结合特定理论的分割技术等。从广义角度来讲，计算机视觉领域主要包括

➤ 人工智能的发展及前景展望

图片/视频识别与分析、人像与物体识别、生物特征识别、手势控制、体感识别、环境识别。计算机视觉的识别效果的提升，是通过引入卷积操作，搭建卷积深度置信网（Convolutional DBN），将深度模型的处理对象从之前的小尺度图像（32pixel×32pixel）扩展到大尺度图像上（200pixel×200pixel）；通过可视化每层学习到的特征，演示低层特征不断被复合生成高层抽象特征的过程。深度结构模型具有从数据中学习多层次特征表示的特点，这与人脑的基本结构和处理感知信息的过程很相似。如视觉系统识别外界信息时包含一系列连续的多阶段处理过程，首先检测边缘信息，然后是基本的形状信息，再逐渐地上升为更复杂的视觉目标信息，依次递进。

二、提高知识图谱关键技术水平

（一）复杂关系建模

根据对实体和关系刻画的精确和稳健程度，最近几年比较流行的知识表示模型的变迁历程为：结构表示模型（SE）—单层神经网络模型（SLM）或隐变量模型（LFM）—语义匹配能量模型（SME）—张量神经网络模型（NTN）—TransE模型。后续出现的模型对实体与关系的刻画更为准确、性能更高、效果更好，而复杂度却显著降低。

近期提出的TransE模型将知识库中的关系看作实体间的某种平移向量，与众多前期模型相比，TransE模型参数更少、计算复杂度更低、性能显著提升，而且能直接建立实体与关系间的复杂语义联系，已经成为知识表示学习的代表性模型。最近许多研究工作都是围绕其进行扩展和改进而展开，以克服原始TransE模型的局限性。比如，TransH模型让一个实体在不同的关系拥有不同的表示，克服TransE模型处理1—N、N—1、N—N复杂关系的局限性；TransR模型让不同的关系拥有不同的语义空间；TransD模型和TranSparse模型则对TransR模型中的投影矩阵进行优化处理，以解决实体的一致性和不平衡性，并克服TransR模型参数过多问题；TransG模型和KG2E模型则考虑到实体和关系本身语义上的不确定性，采用高斯分布来表示实体和关系；等等。

（二）基于深度学习的实体识别与实体链接

近几年，深度学习研究逐步深入，众多优秀的深度学习模型陆续用来解决实体识别问题，最为流行的两种用于命名实体识别的深度学习架构是 NN-CRF 架构和滑动窗口分类思想。此外，深度学习方法也是确保实体链接任务有效完成的强力工具。目前，深度学习领域的热点研究方向是如何在深度学习方法中融入知识指导、考虑多任务之间的约束，以及如何将深度学习用于资源缺乏问题的解决等。

（三）事件知识学习

事件识别和抽取、事件检测和追踪，这两者的人物对象、着眼点和技术路线差异较大。事件识别和抽取研究热点集中在基于模式匹配的方法（基于人工标注语料的方法和弱监督方法）、基于机器学习的方法（基于特征的方法、基于结构预测的方法、基于神经网络的方法和弱监督的方法）和中文事件抽取；事件检测与追踪的主流研究方法集中在基于相似度聚类和基于概率统计两类。

（四）研究知识推理

知识推理的研究热点集中在基于符号的并行知识推理、实体关系学习方法和模式归纳方法三个领域。基于符号的并行知识推理可细分为基于多核、多处理器技术的大规模推理和基于分布式技术的大规模推理两个研究分支；实体关系学习法可细分为基于表示学习的方法和基于图特征的方法两个研究分支；模式归纳法可细分为基于 ILP 的模式归纳法、基于关联规则挖掘的模式归纳法和基于机器学习的模式归纳法三个研究分支。

（五）语义搜索和智能问答

语义搜索牵涉多个领域：数据挖掘、知识推理、搜索引擎、语义 Web 等，其主要运用的方法是图理论、匹配算法、逻辑。新一代的主流语义搜索引擎中较为著名的有两个：Swoogle 和 Tucuxi。目前，语义搜索研究尚处于探索前行阶段，研究热点主要有引入推理和关联关系的语义搜索、语义搜索中的查询扩展、语义搜索中的索引构建等。

▶ 人工智能的发展及前景展望

三、发展 AR/VR 头戴显示设备技术

常规的 AR/VR 头戴显示设备由四种组件组成：头戴式显示设备（HMD）、主机系统、追踪系统、控制器。头戴式显示设备，俗称虚拟现实眼镜，AR/VR 效果正是由其呈现给用户。HMD 硬件通常包括以下组成部分：显示屏、处理器、传感器、摄像头、无线连接、存储/电池、镜片。前置摄像头是头戴式显示设备的必要组成硬件之一，主要功能是拍照、位置追踪和环境映射，有时用户也可以"看透"头戴显示设备，也有部分 AR 头戴显示设备采用内部摄像头来感知环境和周围目标。

AR/VR 头戴显示设备领域最重要的两项技术是图像质量提高和交互技术。图像质量提高依赖于光学系统技术的发展，也直接决定体验者视觉效果和体验度，而交互技术则是实现人机交互、增强体验者"沉浸感"的关键保障。

（一）光学系统技术的应用

光学系统技术主要分为瞳孔成像技术和非瞳孔成像技术两类。瞳孔成像技术发展出的两条技术路线有：偏心结构技术路线（偏心结构、自由曲面棱镜和自由曲面反射镜组三个阶段）和波导结构技术路线（全色体全息平板波导结构、表面微结构波导结构、半透膜阵列波导结构等各类光波导结构光学系统）。非瞳孔成像技术则利用半透半反镜、分光棱镜或者同时使用多个半透半反镜、分光棱镜，以减轻头戴显示设备的质量，改善成像效果，扩大光学系统的视场。

（二）眼动追踪技术的发展

目前，AR/VR 头戴显示设备交互技术主要有声音控制、手势控制、头部控制、眼动追踪等，其中眼动追踪具有准确、灵敏、对身体造成压力较少等优点，是实现人机交互技术突破的重点。AR/VR 头戴显示设备眼动追踪技术有两条发展路线：接触式（眼电图法和电磁线圈法）和非接触式（双普金野图像法、虹膜巩膜边缘法、虹膜分析法、角膜巩膜反射法、瞳孔中心反射法等）。AR/VR 头戴显示设备眼动追踪技术主要应用于身份识别、凸显调节和目标选择三个领域。

目前，国内 AR/VR 产业尚处于起步阶段，相关企业大多集中于硬件研发及应用配套领域。"十四五"规划中划定了七大数字经济重点产业，包括云计算、

大数据、物联网、工业互联网、区块链、人工智能、虚拟现实和增强现实,这七大产业也将承担起数字经济核心产业增加值占 GDP 超过 10% 目标的重任。可以看出,规划中不仅划定七大重点产业,也给每个产业提出了重点发展的领域和方向。规划中提到了虚拟现实和增强现实产业重点发展的领域包括:推动三维图形生成、动态环境建模、实时动作捕捉、快速渲染处理等技术创新,发展虚拟现实整机、感知交互、内容采集制作等设备和开发工具软件、行业解决方案。这些板块都是虚拟现实和增强现实产业近年来发展的重点,比如,推动三维图形生成、动态环境建模能为垂直行业提供快速生成三维立体场景或人物的内容,打造、构建虚拟现实和增强现实内容生态链基础;又如,实时动作捕捉已成为虚拟现实感知交互的基础,从生态头部企业到硬件厂商都在推动面部捕捉、眼部跟踪、唇部追踪等交互设备技术落地,为满足人类未来在虚拟世界社交、生存埋下伏笔。

四、生物特征识别关键技术的成熟

目前,较为成熟的生物特征识别关键技术主要有生物特征传感器技术、活体检测技术、生物信号处理技术、生物特征处理和识别技术等。

(一)应用生物特征传感器

生物特征传感器的主要任务是采集生物特征(指纹、声纹、步态、虹膜等),并将其转换成计算机可处理的数字信号。生物特征如人脸、步态、指纹等,由 CCD 和 CMOS 传感器就可采集到清晰图像,但要采集到细节清晰的虹膜和指静脉图像需要外加主动红外光源,而人脸识别技术则采用红外成像设备克服光照影响。主要的生物特征传感器核心技术有智能定位技术、机械控制技术、交互接口设计、光学系统设计、信号传输与通信技术和传感器电路技术等。

(二)进行活体检测

生物特征识别系统必须具备活体识别功能,活体检测技术就是判别系统接收到的生物特征是否来自有生命的个体。活体指纹检测技术要对手指的温度、排汗性、导电性等生物存活信息进行检测判别,而虹膜识别技术则要对虹膜震颤、瞳孔对光源强度的收缩扩张反应、睫毛和眼皮运动等生物存活信息进行检测判别。此外,基于生物特征图像的光谱学信息、人机互动等都可以对生物特征的活体特

➢ 人工智能的发展及前景展望

性进行有效检测。目前，活体检测技术发展并不成熟，尚存在一些漏洞，这也是生物特征识别系统在高端安全应用领域被广泛应用的最大瓶颈之一。

（三）处理生物信号

生物信号处理技术由生物信号质量评价技术、生物信号定位和分割技术、生物信号增强和校准技术等组成。

生物信号质量评价技术：特征识别系统采集到的生物特征信息一般以视频流和音频流的形式进行存储，由于生物特征不明显、采集环境不佳等原因所引致的采集信号质量不高的问题经常存在，因此，很有必要对采集到的数字信号进行质量评价，拒绝低质量的生物特征信号。目前，人们主要从以下三个方面识别低质量生物特征信号并予以排除：增强识别算法的稳健性、采用高性能成像设备和设计高质量的质量评价软件。识别算法精度提高是有上限的，高性能采集装置价格昂贵，均不能从根本上解决问题。因此，设计质量评价软件有重要意义。质量评价软件对采集到的生物特征量化打分，按照量化指标将采集到的特征信号分为合格与不合格两类，以过滤掉不符合条件的生物特征，如模糊图像、遮挡图像、信噪比太低的信号等。

生物信号定位和分割技术：定位和分割是基于生物特征方面的先验知识，比如从图像中定位并分割人脸区域。虹膜定位基于瞳孔、虹膜和巩膜间的灰度跳变，并呈圆形的边缘分布结构特征；指纹分割基于指纹和背景区域图像块灰度方差的不同；掌纹定位则是基于手指间的参考点构建坐标系。目前，最先进的人脸检测方法是用 Harr 小波特征来描述人脸模式和用 AdaBoost 来训练人脸检测分类器，能提高识别视频中人脸图像的准确率。

生物信号增强和校准技术：生物特征提取前需要对感兴趣的区域进行降噪、凸显等增强处理。比如，我们可以采用提高分辨率、逆向滤波等方法对指纹图像予以增强；采用直方图均衡化的方法提高人脸和虹膜图像对比度。此外，校准结果对识别精度有着举足轻重的影响，不同场景采集到的生物特征信号会出现平移、尺度和旋转等变换，采集过程也需要对信号进行校准，比如，采用主动形状模型和主动表现模型进行人脸图像对齐，也有特征校准伴随特征匹配过程。

(四)处理和识别生物特征

生物特征处理技术包括表达、抽取、匹配、检索等技术。生物特征识别根本在于选择身份识别特征和生物信号中最能凸显个性化差异的本质特征。就指纹识别而言,描述指纹特征的最佳表达方式是细节点——业界已经达成共识,国际上也制定了统一指纹特征模板交换标准,为不同厂商指纹识别系统间的数据交换和系统兼容性提供便利。而人脸、虹膜和掌纹等图像的特征表达形式多样(基于某种信号处理方法、某个计算机视觉或某个模式识别理论),业界尚未就其本质表达和有效表达达成共识,生物特征模板数据交换格式并未实现标准化和统一化,这也是未来需要努力研究的方向之一。

生物特征识别不仅是目前如火如荼发展的行业,也是在未来几年具有发展潜力的行业。

第三节 人工智能关键技术发展趋势

一、基于学习和多视几何的计算机视觉发展趋势

(一)马尔计算视觉

马尔计算视觉分为计算理论、表达与算法和算法实现三个层次。马尔认为,算法实现对计算理论、表达与算法并不会产生什么大的影响,而且大脑的神经计算和计算机的数值计算并没有什么区别,因此其研究主要集中于计算理论和表达与算法这两部分。目前,虽然科学认为大脑的神经计算还是和计算机的数值计算很不相同,但这并未对马尔计算理论的本质属性产生什么影响。

(二)多视几何和分层三维重建

20世纪90年代,两个因素促使计算机视觉逐步繁荣:一是基于计算机视觉工业化应用瞄准对精度和稳健性不太高的视频会议,二是考古视频监控等领域和多视几何理论下的分层三维重建能显著提高三维重建的精度和稳健性。

不过,鉴于三维重建所要求的惊人数据量,重建流程人工难以完成,必须实

> 人工智能的发展及前景展望

现全程自动化,以及算法和系统具有高度稳健性才行,在保证三维重建稳健性的同时,提高重建效率这项技术在目前也是一个挑战。

(三)基于学习的视觉

在当下深度学习、智能学习、机器学习等概念大为流行的情势下,基于学习的视觉就比较好理解:以机器学习为主要技术手段的计算机视觉研究。

按照理论提出时间的先后来划分,基于学习的视觉可以分为21世纪初期以流形学习为代表的子空间法和目前以深度神经网络和深度学习为代表的视觉方法。

(四)前端智能化、前后端协同计算和软硬件一体化

前端智能化、前后端协同计算和软硬件一体化将成为未来计算机视觉技术发展趋势,具体作用为以下三点:

第一,应用场景对实时响应的高要求,将推动前端计算处理能力大幅度提升。

第二,前端智能与后端智能协同可满足特定场景对隐私性、实时性的要求。

第三,软硬件融合一体化方案是解决不同应用场景复杂问题的关键,能够在前端硬件设备上嵌入算法模型,可实现更快速、更高精度的数据处理,让用户更直接地应用视觉识别技术。

(五)主动视觉技术与生物科学的融合发展

主动视觉需要研究脑皮层高层区域到低层区域的反馈机制,随着生物科学(脑科学和神经科学)技术的逐步发展,主动视觉技术与生物科学的融合发展,也是未来有可能发生革命性突破的技术发展方向之一。

(六)计算机视觉技术与其他计算机技术的融合发展

识别真实世界中较为复杂的图像内容的计算机视觉技术,计算机视觉技术与互联网技术、社交媒体技术等其他计算机技术的融合发展,以及深度学习和卷积神经网络给计算机视觉领域带来的革命性突破,都是未来计算机视觉技术可能实现技术突破的发展趋势。

二、知识图谱关键技术未来发展趋势

（一）知识表示学习的发展方向

知识表示学习未来发展方向有：面向不同类型的知识表示学习、多源信息融合的知识表示学习、考虑复杂推理模式的知识表示学习、面向大规模知识库的在线学习和快速学习、基于知识分布式表示的应用。

（二）实体识别与链接的发展方向

按照目前的研究现状和发展态势，实体识别与链接的未来发展方向应是：融合先验知识的深度学习模型、资源缺乏环境下的实体分析技术、面向开放域的可扩展实体分析技术。

（三）事件识别和抽取的发展趋势

基于神经网络的事件抽取成为研究热点，为事件抽取任务的提升带来新的契机，主要研究方向是：分布抽取到联合抽取，局部信息到全局信息，人工标注到半自动生成语料。因此，深入研究如何在减少人工参与的情况下获得更好的事件抽取效果是未来发展趋势，而非参数化、放宽对话题数目的限制，以及多数据流共同建模，有效利用不同数据间的共同信息是事件检测与追踪方面未来可能的发展趋势。

（四）知识推理技术的问题解决途径

近些年，基于符号推理和统计推理的知识推理技术已经取得了很大的进展，特别是在逻辑推理方面取得一系列理论和系统上的进展，但这些知识推理技术距离实际应用尚有一定的距离，还有以下问题需要解决：知识图谱表示缺乏统一的方法和实用的工具；提高基于表示学习的推理精度、将更加丰富的信息形态与表示学习模型相结合、提高图特征的抽取效率、突破知识图谱的联通性壁垒以抽取更加丰富的图特征，以及设计界面友好、易扩展的模式归纳工具等。

（五）语义搜索和智能问答的研究方向

未来语义搜索研究方向将向以下几个方向扩展：语义搜索概念模型、语义搜索本体知识库的构建、维护与进化、语义搜索的推理机制、语义搜索的结果排序

▷ 人工智能的发展及前景展望

和语义搜索的原型系统实现。

三、基于智能终端的 AR/VR 头戴设备发展趋势

近几年，虚拟现实和增强现实技术已经取得显著的技术进步，在产业界普及型需求的推动下，未来发展势头强劲。AR/VR 技术的市场接受度取决于头戴设备硬件的发展。VR 技术非常注重沉浸感、交互性和构想性，沉浸感和交互性的关键在于头戴显示设备的硬件实现；AR 则注重在现实世界叠加虚拟世界，实现"虚实结合"，现实技术和感知技术都是有待解决的重要问题。配备专门的 AR/VR 头戴现实设备（头盔或眼镜），缺点非常明显：头戴显示设备昂贵，很难实现大范围普及，比如 Oculus Rift（VR 设备）的消费成本约为 1500 美元，微软推出的全息眼镜 HoloLens、索尼推出的 Morpheus 头盔、三星推出的 Gear VR 头戴设备均由于价格高昂而无法大范围推广；专用性的头戴显示设备便携性较差，应用范围和场景受到一定的局限，目前主要在非常垂直的领域和特定的场合提供 AR/VR 体验。未来，随着众多著名科技公司研发投入的增加，头戴设备的便捷化、轻量化和嵌入用户的日常生活将是一个必然的发展趋势。

智能手机终端的普及化，呼唤着基于智能收集平台的 AR App 应用软件。根据目前技术发展情况，有两种可供选择的智能手机终端 AR 体验模式。

（一）完全离线体验模式

在智能手机终端离线安装独立的 AR App，所有的 AR 功能（开启摄像头、图像识别、目标跟踪和动画渲染等）和计算需求都由手机终端来完成。这种模式的优点是实时跟踪、体验感较好；缺点是对智能手机终端硬件性能要求较高、功能受到限制，下载安装专用 App 应用推广成本也较高。

（二）"云+端"模式

"云+端"模式与支付宝、聚划算、QQ 等服务的提供形式类似，大量计算工作在云端进行处理，使 AR 功能得以拓宽，但网络传输延迟会增加实时识别与跟踪难度，现有技术条件下无法提供优良的 AR 体验。基于移动智能终端的 Mobile Web AR 技术是解决上述发展难题，实现大规模、跨平台传播和分享 AR 技术的一个新的研究方向。

四、基于深度学习的生物特性识别发展趋势

（一）生物特征识别技术多元化发展

目前，指纹识别技术以其稳定性、成熟性，一直是生物特征识别领域的热门应用，但其最大的缺陷是容易被复制，这也限制其在较高安全级别领域的大范围应用。一个明显的发展趋势是人脸识别技术与三维成像技术相结合，以克服二维成像技术因光照和姿势不稳定而造成的图像质量不佳问题，提高人脸识别的可靠性和准确率。当然，三维成像技术尚未成熟，但其卓越的识别性能已经吸引了大量著名科技公司和科研机构加大研发攻关力度。

（二）多生物特征相融合技术

由于识别环境的多变性、复杂性，单一生物特征识别技术往往会遇到棘手问题。比如，指纹识别面临高清晰度的指纹采集识别问题，冬季指纹干燥也会导致识别失败，且单一生物特征识别无法满足许多安全性要求较高的应用领域的身份认证要求。多生物特征识别技术利用多个生物特征信号，并结合数据融合技术，在提高识别准确度的同时，扩大识别系统应用范围、降低识别系统风险，是未来特征识别技术发展趋势之一。

（三）深度学习技术的多元化应用

相较于传统的机器学习算法，深度学习技术在数据拟合方面具有更强大的优势，该技术已广泛应用于语音识别、人脸识别以及计算机视觉等领域。深度学习算法需要有丰富的测试数据，以确保在测试集上具有良好的泛化能力。以人脸识别为例进行分析，传统的人脸识别算法通常只使用了数千张到数万张图片作为训练数据，而采用深度学习技术的人脸识别算法往往能够利用数百万张甚至数亿张图片作为训练数据；在检测任务方面，传统算法仅限于处理数万张图片，而利用深度学习技术构建的算法则能处理数千万张图片。可见，深度学习算法未来的研究焦点包括如何有效地整合多个数据源进行训练、充分利用部分标注或弱标注的数据，以及探索让算法自主负责标注甚至生成数据的方法。

第四章 人工智能的应用及发展

随着人工智能技术的不断发展，越来越多的行业开始应用 AI 技术来提升效率、优化流程以及提高产品质量。在各类行业中，AI 技术扮演着重要的角色。本章为人工智能的应用及发展，主要介绍了四个方面的内容，依次是人工智能在制造行业的应用及发展、人工智能在汽车行业的应用及发展、人工智能在医疗行业的应用及发展、人工智能在教育行业的应用及发展。

第一节 人工智能在制造行业的应用及发展

生产系统利用技术控制和信息处理技术来实现产品的制造、监测、调整和控制。在"智能工厂"环境下，员工不再是"服务者"，转而成为现代意义上的"操作者"和"协调者"。在未来的生产中，员工将扮演设计师和执行者的角色，负责优化生产流程。随着市场需求的不断变化和日益增加，产品的"寿命"变得更短了。过去那些固定成本高、缺乏弹性的产能也已不再是完全经济合算的了。相比之下，基于数据处理技术的人工智能制造系统更具有柔性，它可以根据市场的多变需求灵活调整和改进生产线，这样一来就可以解决固定投入过高、生产系统缺乏弹性的问题，实现柔性和弹性制造，从而以更低的成本完成整个生命周期产品的生产。因此，发展成熟的人工智能技术将成为社会生产的福利。这一技术进步所带来的生产力变革，有望从根本上改变依赖人类决策、操作和劳动的传统生产方式。

> 人工智能的发展及前景展望

一、智能制造与传统制造

（一）传统机器与智能机器比较

现代的机器人作为高级机器具有两个主要特点：一是具备自动化和智能化的功能，二是建立在信息技术和大数据的基础上。机器构造是在传统机器的基础上引入了智能技术，如视觉信息识别、自主移动、触觉和力觉感知、路径规划等。智能技术致力于模拟人类行为的"智能性"和"连贯性"，从而使相应的工具机由原来的单一功能机械工具转变为包含机械臂、控制器、抓取器、末端执行器等组合的工具机群。传统机器主要使用单一的动力装置（蒸汽机、热力机、电磁机等）来驱动，而现在则借助于相配套的工具机群（步进电机、直流电机、伺服电机、液压驱动、气动驱动等）作为动力装置实现驱动。机器人本质上还是机器，但其可以通过编程连续执行指令来实现"智能性"和"连贯性"，从而替代人类劳动。这种技术进步标志着生产力的变革，可能会永久改变资本生产的逻辑方向。

（二）人工智能与制造业的融合领域

人工智能与制造业的融合目前主要通过智能制造体系来实现。智能制造体系贯穿智能装备制造业的设计、生产、管理、服务等各个环节，是先进制造过程、系统与模式的总称，也是高端装备的一个细分、前沿领域。智能制造过程是指利用自动化设备和通信技术，在生产过程中实现自动化，并通过数据采集技术和通信连接方式将数据传输至智能控制系统，应用于企业的统一管理控制平台，以提供最佳的生产方案。这一过程涉及协同制造和设计，旨在实现个性化定制，最终实现智能化生产。从全球工业史来看，前三次工业革命都以核心的能源技术或者是制造技术革新，如蒸汽、电力、可编程计算机，一次次改变了制造业的范式。以人工智能为代表的第四次工业革命将以工业智能化、工业一体化、互联网产业化为特色，改变制造业的传统范式。

智能制造体系的产业链及细分行业目前主要包含以下五个方面：[①]

---

① 赵升吨, 贾先. 智能制造及其核心信息设备的研究进展及趋势[J]. 机械科学与技术, 2017（1）: 1-16.

第四章 人工智能的应用及发展

1. 自动化生产线集成

国内的系统集成商正逐渐崭露头角。系统集成商属于智能设备的下游应用端，主要负责向终端客户提供定制的应用解决方案，以及开发和集成工业机器人软件系统。目前，我国的系统集成商通常是从国外采购完整的机器人系统，然后根据各行业或客户的生产需求提供定制的应用解决方案，通过大型项目（以集成关键设备生产线为主，如机器人工作站）和工厂生产线技术改造，对现有设备进行升级和联网，进而提供工业控制、传动、通信、生产与管理信息等方面的系统设计、系统成套、设备集成及 EPC 工程等服务。在系统集成应用领域，外资系统集成商有 ABB、柯玛、库卡等，国内领先的系统集成商有新松机器人、大连奥托、成焊宝玛、晓奥享荣等，应用市场主要聚焦汽车工业，市场规模已经超过百亿元。目前，国内智能制造系统集成领域主要集中在汽车工业。自动化生产线集成的发展质量正在稳步提升。

2. 自动化装备

自动化装备主要包括工业机器人和数控机床。

（1）工业机器人市场前景广阔

由于劳动力成本上升和产业转型升级趋势加快，我国工业机器人从 2010 年销量开始迅猛增长，之后销量增长速度为 20%～50%。工业机器人的核心零部件主要包括减速器、伺服系统、控制系统三部分，对应着执行系统、驱动系统、控制系统。

（2）我国数控机床已有较高产量水平

数控机床即自动化机床，其内置程序控制系统，可以根据特定的控制编码或其他符号指令执行加工程序。通过信息载体输入数控装置后进行运算处理，数控装置便会发送控制信号，以实现对机床动作的控制和零件的自动加工。然而，目前我国数控机床的智能化技术仍需要进一步优化，数控机床的智能化功能有待完善，加快推进中低端国产数控机床的革新，提高自主研发高端数控机床（数控系统）的能力。

3. 工业信息化

工业信息化主要依赖于工业软件。工业软件是专门用于工业领域中设计、生

> 人工智能的发展及前景展望

产和管理等环节的软件，它可以分为系统软件、应用软件和中间件软件（介于系统软件和应用软件之间）。系统软件是为了提供计算机基本功能而使用的，并不专门针对某个特定应用领域。应用软件可以根据用户的需求提供特定的功能。在智能制造流程中，工业软件主要承担生产控制、运营管理、研发设计等方面的优化、仿真、呈现和决策等任务。目前，欧美企业主导着产业格局，呈现出"少数强势"和"较弱多数"的情况。比如，德国思爱普、西门子在多个领域均崭露头角，美国国际商业机器公司（International Business Machines Corporation，简称IBM）和法国达索系统在各自专业领域形成了一定优势。

4. 工业互联/物联网

在工业互联/物联网技术领域，我国的射频识别（RFID）、机器视觉等技术仍处于持续发展阶段。在机器视觉领域，国内企业通常是以引进国外产品为主，并在此基础上进行系统集成，少有企业直接从事生产机器视觉产品。与RFID和机器视觉产业相比，国内传感器行业的发展较为成熟。目前，国内有超过千家公司致力于传感器的生产和研发，其中有近百家专注于微系统的研制和生产，并且安徽、陕西和黑龙江已成为国内主要的传感器生产基地。

5. 智能生产

3D打印是智能生产的关键组成部分，它可以缩短制造周期、降低生产成本、制造更复杂的零件，以及满足个性化的需求。当前，我国的战略性新兴产业正在迅速变革传统的生产模式和制造方式。随着《中国制造2025》和《国家增材制造产业发展推进计划》等政策陆续实施，我国将发展3D打印产业提升为国家战略层面，以此推动我国从制造大国向制造强国的转型。

就应用层面而言，我国在工业级设备装机量方面位居全球前列，但在金属打印的商用设备方面仍然依赖进口。我国的非金属工业型打印机有超过60%专注于国内市场，而小型FDM打印机已经开始大规模出口，在全球市场上取得了领先的地位。然而，国产工业级装备的重要部件，包括激光器、光学振镜、动态聚焦镜、打印头等，仍然主要依赖进口。工业级3D打印材料的研究仍处于发展阶段，虽然有一些公司拥有强大的研发实力，并成功研发出一些新型材料，但大部分3D打印材料仍然依赖进口。

目前，外国设备大量涌入我国市场，外国公司对金属打印设备实行材料、软件、设备、工艺一体化的捆绑销售策略。为此，我国应努力研发核心技术与原创技术，打造自己的创新链与产业链。现在国内已经有若干3D打印公司上市，科技开始与资金结合，这是一个良好的开端。[①]

（三）智能制造与传统制造的核心区别

智能制造的核心在于使制造流程智能化，这需要将人工智能技术与制造流程的控制系统、管理系统和物理资源有机结合，实现高效协同。而在目前，人工智能技术仍缺乏一个统一且明确的定义。人工智能不是一个独立的技术，而是由各种技术组合而成、用于执行特定任务的技术集合。尽管人工智能的界定不断演变且一直存在争议，但在多年的研究和应用中，人工智能一直秉持着一个核心目标，即"使人的智能行为实现自动化或复制"。人工智能技术的含义是通过机器智能延伸和增强人类的感知、认知、决策、执行等功能，增强人类认识世界与改造世界的能力，完成人类无法完成的特定任务或比人类更有效地完成特定任务。[②]

1. 从制造资源组织方式变革来看

在新兴信息技术（互联网等）领域，智能制造资源组织方式是全球化的，即在全球范围内组织、整合制造资源，跨越不同业务、不同行业的界限，甚至是跨越产品生命周期进行组织，整个系统变化多样且复杂。

2. 从制造全过程管理变革来看

随着新兴信息技术的发展，企业管理已经演变为跨层级的网络化管理模式。企业需要利用包括企业内部数据、社交网络数据、智能网联产品生成的数据进行管理，以实现整个生产过程的优化。

3. 从工程管理服务化模式变革来看

在传统制造模式下，服务化是将企业作为主要协作主体，注重企业内部的信息共享，服务则被视为产品的附加值，一旦产品售出后就需要即刻提供完善的售后服务，管理供应链和促进企业协同合作是企业实现服务化过程中的重点内容。

---

① 赵升吨，贾先. 智能制造及其核心信息设备的研究进展及趋势[J]. 机械科学与技术，2017（1）：1-16.
② 柴天佑. 自动化科学与技术发展方向[J]. 自动化学报，2018，44（11）：1923-1930.

> 人工智能的发展及前景展望

在信息技术日新月异的背景下，服务的主体不仅是企业，还包括获取利润。工厂、车间（甚至车间设备）等制造资源，在全球化合作中发挥着重要作用。企业越来越注重建立标准化的信息交互体系，以全程服务为核心，不仅着眼于售后服务，而且将服务贯穿于产品开发、制造和使用阶段。因此，服务协同成为企业的主要关注点。

4. 从信息服务来看

传统的信息服务通常集中在整合企业内部制造过程中的多个系统集成架构上，主要通过以数理统计为主的模型化决策分析方法来制定决策，因此企业积累知识的速度相对较慢。得益于信息技术的发展，企业通常会采用基于云端的信息系统架构，将企业数据传输至云端，并进行存储。同时，大数据智能决策方法也为数据分析带来了更多的可能性。在此背景下，企业积累知识的速度开始提升，知识来源更加广泛多样，知识的处理和传播也更为方便高效。智能时代，人工智能可以降低成本、大幅提高生产效率从而提高行业利润率。根据埃森哲预测，2035年传统制造业产出为8.4万亿美元，其中结合人工智能的智能制造业产出部分为3.8万亿美元，智能制造占制造业的31%。①

（四）面向工业互联网的智能装备制造体系

工业互联网的发展使智能制造的深度和广度得到进一步加强。工业互联网不是简单地将互联网与工业相结合，而是自身拥有独特的核心技术。工业互联网是指利用工业信息标准和互联网技术，将遍布世界各地的不同层次的制造资源和创新资源加以整合，借助数据感知、数据分析和智能计算实现物理系统与虚拟系统，实现设备与设备、人与设备之间的联系，进而构建起紧密衔接的制造产业体系。在智能制造背景下，工业互联网为技术创新、制造模式创新和商业模式创新打下了稳固的技术基础。在智能制造工程领域，特别是在面向工业互联网的环境下，存在许多重要的科学技术挑战，经深入研究后取得科学技术方面的成果，然后通过应用程序广泛推广，将会开辟出新型的信息化和工业化道路。

---

① 网易.围观！最全科创板影子公司名单，最牛股已经7涨停！还有哪些机会？[EB/OL].（2019-03-21）[2023-09-11].https://www.163.com/dy/article/EAO64NHR051998PQ.html.

1. 技术标准体系

在工业互联网领域，要实现智能制造不能仅依赖于单一技术或设备的突破应用，我们还需要构建跨行业、跨领域的工业互联网平台架构和技术规范框架，这有助于解决智能制造过程中出现的基础难题，包括数据集成、互联互通等，以满足不同行业对智能制造的需求，同时也可以掌控智能制造技术发展的主导地位和话语权。工业互联网需要制定与工业领域需求相匹配的技术标准体系，这是目前在互联网经济领域尚未解决的挑战。

2. 技术创新体系

工业互联网使企业之间能够更加紧密合作，主体企业与参与企业可以通过跨界协作的方式实现合作研发与制造，用户也能参与设计过程，这对产业价值链、产品系统结构、生产方式、资源组织方式和服务模式来说具有重大意义，但也对工业企业的技术创新体系提出了新的挑战。

3. 制造模式创新体系

制造模式也将得到革新，通过工业互联网平台，提供透明的信息服务，实现用户需求与整个制造流程的紧密衔接。通过精准而又高效的柔性生产策略，并根据用户反馈持续优化产品，实现从企业主导的大规模生产向以用户需求为中心的大规模定制模式转型，有效提高整个制造价值链的质量水平。

4. 商业模式创新体系

通过众创、众包、众智、众筹、协同创新和服务创新等方式，我们能够创新商业模式，建立以消费者为核心，以个性化营销、柔性化生产和精准化服务为特征的线上线下相结合的产品服务体系，进一步延伸企业线上平台支撑和线下服务的产业链条，重新设计整个商业模式。

5. 制造服务创新体系

实现制造与服务的跨界融合，完善复杂多样的增值机制，促进业务之间的协同互动，进而构建以产品服务化和制造过程服务化为导向的制造服务价值网络体系。然而，在构建制造服务价值网络体系之前，需要解决相应的科学技术问题，如重新构建制造与服务跨界融合的价值网络技术、制造服务价值网络管理运行与控制技术，以及故障诊断与质量改进为导向的闭环质量控制技术。

6. 产业体系

在工业互联网兴起的背景下，参与产品整个生命周期的制造主体，具体是由制造商、供应商、平台提供商和软件供应商等组成。制造单元正在逐渐从过去单一依赖企业资源向更加多元化的多层次制造资源转换。制造主体和制造单元之间的交互复杂关系，推动了新型产业生态体系的形成与发展，并逐渐呈现"迭代递增、阶梯演进"的特征。未来，随着新的产业体系和产业生态的兴起，产业将不再按照传统的一产、二产、三产方式分类，而是采用 A 产、B 产、C 产等方式进行划分。美国政府通过"小企业创新研究计划"鼓励和支持小型企业将实验室研究成果转化为产品，为创新提供了促进和支持的机制。例如，NASA 每年会通过项目招标和项目评估等方式来确定创新项目，这些创新项目通常只需要政府投入不超过 100 万美元，就可以激发小企业的创新发展潜能。NASA 与一些小型企业合作完成了太空 3D 打印装备的制造，充分利用了太空制造公司、3D 系统公司、基层系统公司等小型企业的创新能力。

二、我国人工智能与制造业的融合

（一）人工智能在我国高端装备制造中的应用现状

从美国、德国等发达国家推出的一系列工业振兴计划来看，发展装备制造是制造强国战略的必然选择。近年来，我国制造业快速发展，一批高端装备实现重大突破："神舟"系列航天飞船成功发射，海洋石油 981 深水半潜式钻井平台创造了世界半潜式平台之最，"蛟龙号"载人潜水器研制成功，大型客机 C919 成功下线，新型支线客机 ARJ21 交付商用，北斗导航系统突破千万级用户，长江三峡升船机刷新世界纪录，多轴精密重型机床等产品已跻身世界先进行列，高铁、核电、通信设备等已走出国门。

我国智能制造装备行业增长势头迅猛，已初步形成一定的规模。2009 年，智能制造装备行业销售产值约为 3600 亿元。2015 年，智能制造装备产业销售收入超过 1 万亿元。从 2013 年开始，我国逐步成为世界上最大的机器人市场，未来需求将保持快速增长。随着制造业智能化的升级改造，我国智能制造装备产业呈现较快的增长。2017 年，市场规模突破 1.5 万亿元。随着人口老龄化的到来以及我国企业用工成本的不断上升，智能装备在越来越多的领域替代人工成为企业的选择，这也为我国制造业的发展提供了广阔的市场。2022年，我国智能制造产值规模突破3万亿元，同比增长14.9%。2023年，我国智能制造产值规模将进一步增长至3.92万亿元。①

（二）人工智能在我国制造业中的发展着力点

1. 探索重点融合领域，明确融合方向

未来的人工智能技术将基于多模态交互发展，能够认知整合包括文本、图像、声音等在内的各种信息，从而让人机交互变得更自然、更精确、更稳定，属于"强人工智能"。"强人工智能"的实现需要进行跨模态研究，包括机器记忆、预测与数据校准、知识抽取、推理、归纳、表达和自主学习等。人工智能与高端装备制造的融合要更加注重"人与机器"在实际环境中协作、共融的智能理论和关键技术，在智能制造、智能医疗、家居服务等军民应用领域可积极开展人工智能基础研究、人机共融技术研究、智能制造技术研究、仿生机器人研究和医疗康复机器人研究。当前及未来一段时期，大力发展智能制造系统，加快推动新一代信息技术与制造技术的深度融合，建立集计算、通信与控制于一体的信息物理系统（CPS）顶层设计和智能制造系统，推进传统制造业智能化改造；构建工业机器人产业体系，全面突破高精度减速器、高性能控制器、精密测量等关键技术与核心零部件，重点发展高精度、高可靠性中高端工业机器人，推动智能制造关键技术装备迈上新台阶；打造增材制造产业链，突破钛合金、高强合金钢、耐高温高强度工程塑料等增材制造专用材料。在航空航天、医疗器械、交通设备、个性化制造等领域大力推动增材制造技术应用，加快发展增材制造服务业。② 通过智能制造与高端装备的不断融合，逐步形成"高端装备+人工智能"的新特色，助力《中国制造2025》和德国"工业4.0"的对接，以及国家"新一代人工智能发展规划"战略的实施，加强国际合作，推动人类发展和社会进步。

---

① 中商情报网.2023年中国智能制造行业市场前景及投资研究预测报告[EB/OL].（2023-06-08）[2023-09-11].https://baijiahao.baidu.com/s?id=1768087488833306255&wfr=spider&for=pc.
② 个人图书馆.国务院印发《"十三五"国家战略性新兴产业发展规划》（全文）[EB/OL].（2019-08-19）[2023-09-11].http://www.360doc.com/content/19/0819/16/27822060_855866529.shtml.

2. 探索人才培养新模式，推进跨学科交叉研究

人工智能与制造业的融合是基于人工智能的跨学科研究，需要将人工智能与其他多个学科进行深度融合，其中涉及神经网络、机器学习、机械制造、医疗器械，控制科学、生物医学工程、光学工程和系统科学等多领域。开展交叉学科研究势在必行，强有力的人才和科技支撑是根本，这就势必对人才培养模式提出新的要求。各高校和研究机构应该抓住人工智能发展的历史机遇，顺应国家发展需求，依托现有学科，围绕"人工智能＋高端装备制造"探索新工科人才培养，推进高水平大学和科研院所建设，目前我国这方面的工作已经展开。

基础研究一直是我国创新研究的薄弱环节，高端装备与高科技的融合同样如此。对于基础科学研究，除了正向研究，也多依赖逆向研究。但是，制造业逆向研发难以保证基础原创技术的开发。高端设备往往以核心技术为支撑，具有高度集成复杂性，即便在拆散高端设备后对其加以研究，也很难获取其中涉及的技术模式知识。这也就说明，制造业通过逆向研发进行的二次创新是很难获得其中核心技术的。要实现制造业的转型发展，我们就必须大力推进正向技术研发，积累技术模式知识。换言之，我们必须加强基础研究，不能一味地停留在技术研究和应用研究层面。基础科学研究是提高我国创新能力的根基及积累科技原生力、跻身科技强国的必要条件，是创新型国家的动力源泉。无论是科学家自由探索层面，抑或国家战略研究任务层面，都需要把基础研究定位为重点，强调基础科学研究的重要性和其在创新活动中的根基作用。尤其在新一轮技术革命制高点的争夺和全球发展动力变革这一机遇背景下，建设创新型国家，发展智能经济，必须从基础性研究做起。

3. 明确划分政府和企业的角色

在创新环节，企业和政府应该依据自身的资源、运作特点、创新目标进行协同分工与合作。企业在创新过程中发挥着"承上启下"的作用，有助于促成协同创新和实现技术转化。企业不仅是下一创新阶段的起始环节，也是新一轮创新的开端和基础。缺乏企业的支持，技术无法成功转化，知识也就无法变现。因此，只要没有转化成为效益资本，政府就没有资金启动新一轮的基础科学研究，新的创新循环也就无法完成。所以，企业很重要，政府也很关键，两者像是一个生产线上的必备环节，有投入才有创新，继而才有转化和效益。这样才能推动高效研究和高效转化并存，推动创新浪潮的掀起。而政府在财力、人力方面相比企业有充分调动的优势，可以推进基础研究，然后转交企业进行科技成果转化，并通过企业获得进一步进行基础创新的财力基础。这是一个良性的、相辅相成、相互成就的创新链条，也只有这样，才能推动高效研究和高效转化并存，进而推动创新浪潮的掀起。

4. 创新主体要有合作意识和责任担当

无论是高端装备还是普遍意义上的制造业，未来应充分发挥国内市场规模优势，利用本国市场对产品和标准制定的权威性，以政府首次采购政策、规范性标准以及产业供应链安全评估机制，推动国产技术、产品的规模化发展、应用。虽然一开始性能可能不太理想，但企业要不断使用自己的产品，并在使用过程中逐步改进。从国家创新体系角度来讲，政府应该扮演"园艺师"的角色，负责筛选并培育种子，为"创新"创造适宜的生长环境。国家科研机构应该承担培育"创新"的工作，并辅以必要的"技术人员"支持。企业应做好后期管理工作，将成果转化为下一轮发展所需的资金，实现知识变现。国防部门应以"重要合作伙伴"和"关键支持者"的身份培育"创新"，并负责全方位的指导、协调和管理。

第二节　人工智能在汽车行业的应用及发展

随着经济全球化的迅猛发展以及信息技术的不断普及，人工智能技术也在迅速发展，涉及自然语言处理、计算机视觉、语音识别等领域的技术都取得了新的突破。人工智能技术与汽车产业的融合过程中，汽车生产企业在设计、研发、生产、销售等各个环节都更加人性化、智能化。从深度交互式计算机辅助汽车设计、大数据车辆制造模拟设计到智能制造、人机交互、自动驾驶等，人工智能对汽车产业产生了重要影响，赋予了汽车产业更加丰富的内涵。

一、人工智能与汽车产业的融合趋势

当前，一些互联网领域的新兴科技企业开始涉足汽车行业，汽车生产方式正在向互联协作的智能制造体系演进，全球汽车产业的创新生态系统正在形成。新

> 人工智能的发展及前景展望

一代的汽车产品正在向轻量化、智能化和网联化的方向发展，汽车正从满足出行需求的交通工具转变为大型储能单元、数字空间和移动智能终端。人工智能技术与汽车产业的融合趋势呈现出智能制造、智能驾驶两大特征。作为未来科技发展的重点方向，人工智能将对汽车产业价值链产生不同程度的影响。

在智能制造方面，人工智能技术已经融入汽车生产环节。在现代化的汽车生产车间，机器人按照固定的程序执行任务，既为企业节省了相当的劳动力成本，又减少了人力生产可能带来的失误。例如，上汽通用汽车凯迪拉克金桥工厂的车身车间中，由386台机器人实现了车身连接工艺100%自动化，整个车间仅有10余名工人，主要负责车辆前后盖的安装微调车面细节修整。整个工厂包含车身车间、涂装车间、总装等主要生产车间，从白车身的焊接到对车身进行处理镀膜、上漆，再到整车的装配，形成了完整的流水线作业，每小时能够生产40台整车。此外，柔性化的生产线最多可以支持7款凯迪拉克车型混线生产，降低了调整生产线的成本。目前，人工智能在汽车生产中的运用主要体现在点焊、装配、搬运、弧焊等作业环节。

点焊作业是机器人在汽车制造业应用的最大领域。由于每辆汽车车身上大约有4000个焊点，对于安装面积小、作业环境宽阔以及焊接火花高温等一些人力很难处理好的工作，机器人不仅可以准确处理，还能够提升焊接速度与质量。在装配汽车零件工作过程中，不论是发动机等大件配置，还是汽灯、仪表盘等一些小件装置，装配机器人都能够准确装配，降低人工的劳动强度。对于喷涂作业，特别是车体表面的喷漆工作，喷涂机器人也能够高效完成，并提高喷涂质量和材料的使用效率。在汽车工业中，机器人在车身焊装线、物料搬运和工件上下料等搬运作业中具备稳定、可靠和灵活的优势，可以确保搬运作业的安全性并保障工作人员的人身安全。就弧焊作业来说，机器人主要负责完成熔化极焊接作业和非熔化极焊接作业，在气体保护环境下能够自动完成送丝和熔化电极任务，确保焊接工作的高稳定性。可见，汽车行业的智能化生产依托于智能机器人与虚实整合系统，整合了信号感测、数据处理与智能决策的自动化生产系统。

在智能驾驶方面，美国、英国、德国等发达国家在20世纪70年代就开始研究无人驾驶汽车技术。在这些研究成果中，谷歌取得的成果在美国享有盛誉。谷歌无人驾驶汽车通过摄像机、雷达传感器和激光测距仪来实时观察周围车辆，并依赖地图进行导航。通过数据中心，谷歌将手动驾驶车辆收集来的海量信息快速地进行转换处理，并及时将这些信息传递给谷歌无人驾驶汽车，为后续决策提供依据。目前，谷歌无人驾驶汽车已经行驶超过 30 万千米，这有赖于谷歌强大的数据处理能力。

我国的无人驾驶技术及相关应用尽管起步较晚，但发展速度很快。2016 年，上汽与阿里巴巴合作成立的斑马网络技术有限公司，推出首款互联网汽车荣威 RX5，装载着智能系统——斑马智行，就像智能手机一样，能够远程在线完成空中升级迭代，用户随时可在车内下载数据包。斑马网络还推出了 AR 车载导航 AR-Driving，这里的 AR 是 Augmented Reality 的缩写，其含义是在现实世界中叠加虚拟信息，在感官上让现实世界和虚拟世界融合在一起。该车载导航系统通过融合多种核心技术，将车辆状态、道路情况、导航数据等叠加在真实场景中，实现了高精度定位和相对坐标实时校正，提高了驾驶安全性，对未来的自动驾驶进行了尝试。

自动驾驶汽车的不断发展，给各国的道路交通形态及规则带来很大的影响。随着车辆路权的调整，无人驾驶汽车逐渐向共享路权转变，这使无人化港区和货场逐渐涌现。道路两侧陆续安装了路侧传感装置和电子信标，城市的公共交通也将逐步实现无人驾驶。因此，未来的汽车不只是交通工具，还是一种智能终端。智能网联汽车搭载先进的车载传感器、控制器等装置，应用大数据和人工智能等信息技术，具备了复杂环境感知、智能化决策等功能，不断向网联化、信息化、智能化方向发展。

二、人工智能与汽车产业融合的环节

（一）汽车研发环节

在汽车的生产过程中，研发能力的高低决定了汽车成品的质量，并最终影响汽车的销量。人工智能技术与汽车设计环节的结合使得汽车研发更加高效和精准。人工智能在汽车研发阶段的应用主要体现在两方面：一是深度交互式计算机辅助汽车设计，二是商对客模式（Customer to Business，简称 C2B）大数据下车辆设计制造模拟研发优化。

> 人工智能的发展及前景展望

1. 深度交互式计算机辅助汽车设计

汽车性能的好坏不仅取决于构成汽车单个零部件的性能，更重要的是各个部件之间的协调和整合，发挥整体的性能优势，取决于整车设计的优劣。卓越的整车设计能力可以提高汽车的设计质量、使用性能和产品的生命力，保障驾车安全，延长产品寿命周期，提高汽车产品在市场上的核心竞争力。整车设计的主要任务是协调各总成之间的关系以及各总成与整车的关系，包括以下四个方面的内容：确定整车造型、结构和尺寸，确定车辆各部分的性能指标，初选各总成的结构、尺寸和性能，各总成之间的关系以及各总成与整车的关系。

计算机是设计师进行系统分析、设计、处理的有力手段和辅助工具，依靠计算机技术可以大幅缩短设计时间，确保各部件的精度，提高工作效率。汽车工业计算机辅助设计系统（CAD）是指利用计算机及其图形设备帮助设计人员进行汽车设计工作。CAD 的应用是汽车智能制造的重要表现形式，不仅用于绘图和显示，它还开始进入设计者的专业知识中更"智能"的部分。目前，CAD 已经成为汽车设计工作中不可缺少的辅助工具，缩短了零件从设计、修改到制造的时间。随着计算机辅助技术的逐步完善，汽车设计的自动化率越来越高，未来将逐步实现 100% 的自动化率。

通过 CAD 软件，研发人员利用电子图形设备辅助设计工作时，计算机处理系统会通过某种预先设定的模式和方法，根据设计师输入的程序进行科学分析和计算，最后选择满足消费者需求、让设计师满意的设计图纸。交互式 CAD 系统功能非常强大，可以设计出一辆汽车中数以万计的零部件图纸，最终构建出复杂的整车实体。目前，深度交互式计算机辅助汽车设计停留在智能设计阶段，具体表现为知识的表示和系统的推理机制两个方面。汽车研发方面的知识既包括行业设计标准、相关法律法规等规范性和事实性知识，也包括汽车研发专家在多年的研发实践中归纳总结出的经验性知识。由于汽车设计知识具有复杂性和多样性，汽车知识的获取主要是通过人工筛选、机器学习和神经网络学习等多种方式来获取。

智能设计的关键是根据提出的问题选取合理的知识表示方式。在汽车整车设计过程中，知识种类繁多而且非常复杂，提高了汽车整车设计知识表示方法的难度。设计过程中不仅需要考虑大量的专业知识、相关经验和技巧，还要在此基础上利用计算机辅助软件进行计算和分析。传统的纸质撰写和黑板模型无法承载如此庞大的知识体系，采用知识库来存储知识，可以整合框架、规则等多种知识表示方式来表达对象知识，再把这些对象知识与属性、约束、方法一一对应起来，按照一定的规则分类，并定义检索关键词。通过这一系列的复杂处理之后，知识实现了数字化、编码化和模块化，使用起来更加便捷和高效。

推理是以知识库为基础，利用知识库中比较原始和初级的信息进行推理、判断并将其转化为有用知识的过程。在资源一定的条件下，推理就是寻找最优解的过程。模糊逻辑、人工神经网络和遗传算法等为解决这个问题提供了全新的方案。模糊逻辑模仿人脑不确定性的逻辑推理和思维判断，擅长过渡性界定以及表达定性的知识，但通常缺乏学习能力；人工神经网络的自我学习能力非常强，但缺乏清晰的内部知识表达方式；遗传算法的优点是擅长全局搜索。这些方法在实际应用中各有特点，但通过深度交互式计算机辅助汽车设计将它们有机地结合起来，则可取长补短、事半功倍。

2. 大数据车辆设计制造模拟设计

人工智能背景下，汽车研发的智能化不仅体现在研发系统层面，汽车企业的研发模式也发生了巨大的变化。汽车企业可以直接通过市场调研，面向消费者收集需求数据，并利用大数据处理技术将消费者原始需求数据转化为有用的信息，确保产品外形和质量都能达到消费者的要求。在C2B商业模式下，通过构建开放共享平台，利用外部资源和信息优势，供需双方可直接进行信息互换，引发思维碰撞，为汽车研发创新提供最原始的动力源泉，依靠开放式平台实现企业的扩张与繁荣。在开放设计模式中，用户需求和社会资源融入了汽车研发的各个环节。一方面，用户可以通过在线虚拟社区发表自己的看法和感想，深度参与汽车外观造型设计、工程项目评审与供应商选择等阶段，将自身的个性化需求融入汽车研发、生产、制造的全过程；另一方面，汽车研发专业人员也可以在开放式平台中发挥自身优势，提高优秀项目的孵化率。C2B车辆设计模式不仅能满足用户需求，还打造出全新的汽车产业生态圈，充分利用了外部的社会资源。

在传统的汽车研发模式下，汽车制造企业利用过去积累的数据以及自身对未来市场需求的预测来设定研发目标，指引功能开发和产品更新换代。在大数据背景下，基于消费者需求的 C2B 研发模式要求车企以开放的态度聆听消费者的意见，打通企业和消费者之间的互动渠道，让消费者的需求可以顺畅地反馈给企业，实现迭代式创新。为更好地推动车企进行迭代式发展，企业应更好地发挥平台优势，通过非标准化的方式实现消费者的个性化需求。迭代式创新增加了用户在研发过程中的参与度，降低了试错成本，从而实现不同车型的快速迭代。

（二）汽车生产制造环节

在汽车生产制造环节，人工智能技术具体表现为智能制造。智能制造是随信息技术以及汽车产业化进程螺旋上升发展的，是一个由专业人士和机器人共同构成的人机智能系统。它利用最新的信息技术，包括制造技术、大数据技术、算法技术、网络技术，并将这些技术融入研发、设计、制造、管理等各个环节，在制造过程中收集、分析、判断相关数据，使智能机器人的功能越来越强大，越来越多地取代了过去由人工劳动的部分。智能制造主要有以下四个方面表现：生产设备网络化、生产数据可视化、生产文档无纸化、故障诊断自动化。

1. 生产设备网络化

"物联网"是一个借助信息传感装置，采集物物之间、物体与周围环境相互作用的各种实时信息，再借助互联网技术形成一个强大的网络。其目的是将物物、物人以及所有与生产相关的物品与互联网连接，利用互联网技术对生产过程中的各个数据进行智能识别、监控与管理。物联网在汽车生产车间得到了广泛的应用，物联网覆盖的共性技术可以传输制造过程中的核心要素信息，以可视化的数据图表形式展现车间实时生产状况，模拟和优化车间实际运行情况，监控车间出现的异常现象并打造车间智能管理平台。

2. 生产数据可视化

汽车生产企业通过生产数据可视化，对各个部门、各个环节离散制造中的原材料、半成品、产成品、工具和生产人员进行实时定位和互联，实现工具预置管理、原材料的物流控制、生产进度把控、成品质量管理、作业人员调度管理等功能，提高了生产车间信息系统与操作系统的集成度，使各个系统间的联系更加密切，改变传统汽车企业粗放型生产方式。以数据为核心的智能制造模式覆盖了汽车产业的各个环节，厂商的生产方式从粗放式生产转化为精益式生产，并将数据的价值附加到产品上，大大改变了原有产业结构形态。数据是进行智能制造的基础和核心，只有不断提高数据收集和处理的能力，汽车制造企业才能提高智能制造水平，形成自己的核心竞争力。

3. 生产文档无纸化

过去由于技术的局限性，加工制造企业通常会采用纸质文件来记录相关信息，会涉及繁多的纸质文件，如工艺卡片、零件转移卡、三维数模、物料清单、材料消耗明细表、质量文件及数控程序等。这些纸质文件分散于各负责部门里，没有集中管理，在查阅时也非常不便，降低了工作效率，浪费大量纸张且不易保存。目前，这些信息都采用电子文档的形式储存，即使工作人员在生产的第一线也可以通过计算机浏览知识库，查询、调用所需要的信息。电子文档使得生产信息的保存更为便捷、完整，减少了传递纸质文档所耗费的人工劳动力。数据备份还可以降低纸质文档丢失带来的损失，大大提高了生产作业效率。

4. 故障诊断自动化

在汽车制造过程中，对生产设备进行故障诊断是十分常见的检修项目。机器故障不但会影响流水线作业，还会造成汽车产品存在潜在的安全隐患。故障诊断是在一定的条件下，对生产过程中设备出现的一些异常现象进行原因分析，让机械系统中存在的问题暴露出来，同时提出处理异常问题的方案。故障诊断包括三方面主要内容，分别是监测系统、对系统故障进行分析、在数据分析的基础上提出解决方案。人工神经网络可以基于数值计算进行智能诊断，这是故障诊断的一个重要研究领域。在诊断过程中，系统首先存储收集到的信息，再按照相应的学习规则和网络计算方法对数据进行计算，一旦数据出现异常，系统就会自动报警，并在大数据计算的基础上提出相应的解决方案。

（三）汽车销售及售后环节

人工智能与销售环节的结合使汽车销售实现了"量变"到"质变"的飞跃，有"强关联"和"高精准"这两个层面的表现。所谓"强关联"是综合考量消费者的地址、在线浏览和收藏行为、商家促销活动以及商家信用等所有相关影响因素，通过智能计算给网友推荐适合自己的优质经销商，精准定位用户需求并提供

> 人工智能的发展及前景展望

最佳的销售服务。这将在很大程度上缓解买车过程中比价难、体验差、购车周期长等问题，增强消费者在购车过程中的愉悦感。而"高精准"则指经销商不再盲目地根据历史销售记录或者有意向购买登记记录来寻找潜在消费者，而是在大数据算法分析的基础上，找到那些购买意向高的优质客户，降低汽车营销商在寻找潜在消费者上所耗费的时间和资源，可以集中精力提高自身的服务水平。

汽车销售逐渐由卖家市场转变为买家市场，传统的基于价格优势的竞争已经不再适应消费者多样化的需求。面对激烈的外部市场竞争，拥有独特和不可模仿的销售服务将成为经销商的核心竞争优势。汽车销售行业有时会采用电话邀约的方式来寻找潜在客户，但消费者对陌生来电信任度不高。与人工智能技术相结合的"智能销售"在计算机的辅助下，利用大数据分析精准获取消费者需求和偏好，并相应制定有针对性的销售策略，帮助经销商做到千人千面，为消费者提供个性化服务。"智能销售"让经销商可以在与消费者接触之前就了解其相应需求，省去了部分沟通过程。同时利用人工智能技术，有效地把握最佳沟通时间，因人而异制定智能话术推荐，提升销售服务的质量。

人工智能技术不仅仅应用于售前，即使是售后服务同样能够利用该技术提高效率。例如售后维修车间的管理，传统的独立维修车间分布广泛，导致无法有效实现规模效益。但如果对维修车间实施统一管理，由于数量庞大，单纯凭借人力资源推进车间调度很难达到最佳生产效率。再如对售后配件的仓储物流实施的管理，大量的汽车零部件会在各个仓储物流中心进行流通，而仅仅依靠"先进先出"的基础决策原则很难达到最佳效率，但利用基于人工智能的算法模型进行统一调度，则能真正达到最佳效率。

（四）汽车使用环节

人工智能在车辆使用环节的应用主要体现在无人驾驶、人机交互、智能交通规划三个方面。

1. 无人驾驶

无人驾驶系统是利用车内的计算机软硬件来实现替人进行驾驶操作的一种复杂信息系统，这个系统可以感知车辆所处外部环境，作出相应的决策规划，最终使车辆按照命令执行。无人驾驶是汽车智能化发展的最高目标。环境感知功能通过各种车载传感装置（包括 GPS 定位系统、雷达、摄像头）来收集汽车所处的交通环境信息和附近车辆状态信息。决策规划系统会在环境感知子系统收集的信息的基础上，对周围的交通做进一步的预测，并以此为依据智能制定车辆的动作规划以及路径选择。执行控制系统根据决策规划系统输出的指令，实现转向、油门、制动的控制，完成了无人驾驶操作的整个流程。

根据车辆的智能程度和人的解放程度，无人驾驶可以划分为五个等级。第一个层次是完全无法实现智能化的层次，汽车的驾驶在很大程度上要依赖驾驶员的决策和执行，离合器、挂挡、油门、刹车等操纵装置都要由驾驶员控制；第二个层次是利用辅助驾驶技术，通过对周围驾驶技术进行判断，对方向盘和速度的多项操作提供支援，将驾驶员从部分驾驶操作中解放出来；第三个层次是限定条件下的无人驾驶，所有的驾驶操作均由系统自发完成，但在一定条件下驾驶人员需要回答无人驾驶系统提出的问题以提高驾驶的安全性；第四个层次是高度化的自动驾驶。在封闭环境的道路中，所有的驾驶操作均由无人驾驶系统完成，驾驶人员无须就道路和环境条件对系统作出任何指示；第五个层次是完全自驾，在任何道路环境下，无人驾驶系统可以独立完成所有驾驶操作，驾驶人员无须发出任何指令就可享受乘车的便利，但目前还无法达到这个层次。

根据《2018—2024 年中国无人驾驶汽车行业专业深度调研及"十三五"发展规划指导可行性预测报告》的数据显示，我国消费者对无人驾驶汽车的使用呈比较积极的态度，无人驾驶汽车的推广可以让出行方式更便利。在无人驾驶汽车的推广中，从消费人群来看，女性消费者和大年龄层消费者对无人驾驶汽车有更高的需求；从地区差异来看，经济越发达、交通状况越复杂，人们对无人驾驶汽车的需求量越大。在未来，无人驾驶汽车主要会被用于以下三个场景：一是频率低、距离长的自驾休闲出游，二是频率高、距离短的上下班代步，三是在特定环境下（工业园区、景区）的自动驾驶需求。

2. 人机交互

人机交互是人工智能应用的又一重要体现。传统的人机交互需要借助开关、按钮、阀门等物理按键将人的感知和认知传达给机器，在未来，利用大屏进行智能人机交互会被广泛推广。交互方式也向着多样化的方向发展，包括语音交互、触觉交互、多点触摸等多种新兴的交互方式。以前的交互设计主要是传递车载信

> 人工智能的发展及前景展望

息，后来逐步发展到中控台、媒体娱乐设备、车窗、后视镜等多个部件，智能化程度不断提高。近几年，智能汽车中的人机交互研究主要集中在以下三个方面：

第一项是基于移动终端的车载语音信息系统的研究设计。在方向盘上设置一个蓝牙按键，利用蓝牙按键来启动手机上的智能语音应用，智能语音 App 对驾驶员发出的语音命令做信号处理，转化为文字信息，再用平视显示器投影到屏幕上。通过这个智能语音系统，驾驶员只需要通过语音就可以将命令传输给机器，无须阅读文字。语音识别技术不但可以改善驾驶体验，还能减少驾车风险。

第二项是平视显示器（Head Up Display，简称 HUD）视觉交互界面。HUD 利用光学反射原理，在汽车前挡风玻璃上显示驾驶相关资讯，高度大约与驾驶员的眼睛水平，可以减少车载信息读取过程中视觉资源和动作资源的占用量。投射的资料主要是一些安全驾驶信息，包括驾驶速度、堵车程度、驾驶路线等。通过 HUD，驾驶员可以更直观地查看相关数据，从而提高驾驶的安全性。

第三项是基于车载网络社交功能的交互设计。许多驾驶员在驾驶的过程中有很强的在线社交需求，但传统的通过移动端进行在线社交的方式严重影响了驾车的安全性。通过设计一个车载模式，去定义这个模式下社交应用被允许实现的功能，并重新设计交互方式，使这些应用在驾驶过程中主要通过语音与驾驶员进行交互。

3. 智能交通规划

智能交通规划是利用信息技术、传感器技术、大数据处理技术、电子通信等智能交通系统，提供更好的运输管理和服务。其中，控制系统是交通管理系统的"中枢神经系统"。除此之外，还包括车辆信息系统、智能图片处理系统、快速公交系统、路线规划系统、行人信息和道路安全系统等子系统，对交通流进行全面的管理。智能交通系统的主要功能是为车辆和控制中心提供一个双向互动的通信平台，先将交通管理部门采集的各类交通信息汇总到信息中心，随后传输至道路交通信息通信系统中心进行信息整合，最后通过多种方式向出行者发布各类信息。

三、汽车产业应用人工智能的发展对策

信息技术和人工智能技术的快速发展为汽车制造业带来了全新的机遇，对汽车制造业研发、生产、销售、售后服务等各个环节都产生了重大的影响。目前，

我国汽车产业既要突破传统汽车制造领域的技术瓶颈，又要大力发展车联网、智能制造、无人驾驶等新兴技术，这需要政府和企业的共同努力。

（一）加强国际技术交流与合作

汽车生产厂商在利用互联网技术方面主要有两个目标：一是通过研发互联网技术直接加强自身的技术实力，二是通过为消费者提供更多服务间接加强核心竞争力。由于汽车是一款复杂性极强的产品，涉及各种前沿、高端技术，单独的汽车厂商在短期内难以取得巨大优势，因此，汽车生产厂商选择与在某些领域已经成熟或正在成熟的技术厂商合作，便成了迅速获取产品优势的必由之路，而合作的领域包括技术、产品、服务等各个方面。大多数汽车企业都在从各自的角度，不断通过自主研发与技术合作等途径进入车联网领域。

2018年，全球最大的车企大众汽车集团与福特进行战略合作，双方将在电动车基础平台、无人驾驶、商用车等多个领域展开深度合作。同年10月，本田向通用自动驾驶子公司Cruise总共投入27.5亿美元，与之共同研发自动驾驶技术。上汽则与阿里共同投资设立10亿元的"互联网汽车基金"，并组建合资公司，共同打造了车载智能互联系统——斑马系统。百度则持续投资汽车产业并打造了阿波罗（Apollo）平台，与90多家企业合作致力于推动自动驾驶汽车的量产。长安汽车与腾讯以合资公司的形式，在车联网、云计算、大数据云等领域，打造更开放的基础操作平台和硬件平台。这些跨行业合作将促进人工智能对汽车产业的融合，加速汽车的智能化历程。

尽管人工智能有广泛的发展前景，但在实际的应用中仍有很多不成熟之处，遭遇了很多技术瓶颈。企业应重视关键技术的研发，把提高自主创新能力上升到公司战略层面，指导企业的各项经营活动。企业可以通过申请专利来保护重大研发成果，避免同行的技术抄袭。其中，人才是进行技术突破的核心资源，人工智能在汽车领域的应用需要信息技术、大数据处理技术、传感器技术、视觉传达技术等多领域的人才。企业要重视人才的培养，打造出一流的专业技术团队，尽快实现技术突破。此外，各国应就人工智能在汽车领域的应用进行交流与合作，可以通过召开学术研讨会为相关学者提供交流和学习的平台，探讨目前应用难点和技术瓶颈，也可以组织专项人才培养计划，打造具有国际影响力的技术团队。

（二）加大对智能汽车企业的扶持力度

在智能汽车领域，尽管我国的智能汽车起步较晚，但在移动通信网络等方面已经具备了一定的技术和市场基础，未来政府应组织和协调汽车整车企业、通信企业和电子设备企业进行跨行业、多学科领域协作发展。

现阶段，我国有关智能汽车的标准建设尚处于起步阶段，还未建立相关产品和技术的认证标准、数据传输协议标准，特别是在信息安全领域，尚未形成针对车联网信息系统的认证标准。政府应当成为产业发展标准的制定者和监督者，在行业准入、产业结构、通信协议等方面建立规范、有序的产业链体系，加速智能汽车的商业化应用；同时，建立智能汽车关键技术体系、产业标准和架构，整合交通管理部门、安全部门、信息部门、交通建设部门等各行业优势资源，最终建立以汽车制造企业为核心的智能汽车协调与共建平台，发展智能化交通等基础设施和技术，推动智能汽车产业的可持续化发展机制。

调研结果表明，资金短缺是阻碍企业实现技术突破的最大瓶颈。研发成果不是一蹴而就的，研发过程中需要大量的资金投入但不一定有产出。政府应该加大对智能汽车企业的扶持力度，为企业新增研发仪器设备提供资金补贴，支持企业开拓市场，鼓励企业购买本土的汽车智能制造生产线，发挥龙头企业的带动作用，通过专业分工、服务外包、订单生产等方式逐步推动行业内中小企业等发展。政府还应完善智能汽车企业等融资环境，进一步倾斜信贷规模，持续扩大直接融资规模，完善相关财政政策，降低智能汽车制造企业的各项负担。

（三）明确各主体的权利与义务

近些年来，面对人工智能的快速发展，一些发达国家已经意识到建立人工智能相关立法和监管是十分必要的。以自动驾驶汽车为例，德国自动驾驶汽车近几年来维持着较快的发展速度，与此同时，德国国内产生的一系列自动驾驶汽车事故也让监管机构意识到出台新的相关规定的必要性。为了在发生自动驾驶汽车相关事故时更好地判定法律责任以及开展保险理赔工作，德国的汽车监管机构要求汽车厂商在自动驾驶汽车中安装黑匣子。英国的国家自动驾驶汽车中心也曾发布两份报告，对保险和产品责任提出建议。

在无人驾驶伦理规则的议定过程中，明确规定各利益相关主体（驾驶人、乘客、行人、非机动车驾驶人、汽车制造商、政府）的权利与义务，从各方的综合利益出发，达成共识并签订契约。参考2017年2月16日欧盟议会投票表决的一项决议中提到的一些具体立法建议，为了更好地解决人工智能快速发展带来的相关伦理问题，未来我国可以采取以下措施：

第一，国家可以成立一个专门负责机器人和人工智能的机构。

第二，要想更好地解决人工智能带来的相关伦理问题，必须做到有法可依，因此确立人工智能相关的伦理规则是十分必要的。

第三，从长期来看，考虑赋予复杂的自主机器人与人类相等的法律地位，将自主机器人视为一个完整的法律主体；而在知识产权方面，应明确人工智能的"独立智力创造"，尊重并保护发明者的智力成果；关注人工智能的社会影响以及加强法律政策的国际合作。

第四，对具有特定用途的机器人和人工智能系统（自动驾驶汽车、护理机器人、医疗机器人、无人机等），相关部门应出台特定规则，进行特殊监管。

随着各项技术问题的解决以及相关法律法规的建立，未来无人驾驶汽车会被更多的人接受并越来越活跃在世界各国的公路上。与此同时，智能工厂将被不断推进，形成以用户为中心的个性化汽车产品生产模式。以信息与物理系统融合为核心，机器人、3D打印、物联网、大数据等智能制造支撑技术将被深化应用。

第三节　人工智能在医疗行业的应用及发展

一、人工智能在医疗领域的发展

我国的医学专家系统开发始于20世纪80年代初。1978年，北京中医医院关幼波教授与计算机科学领域的专家合作开发了"关幼波肝病诊疗程序"，第一次将医学专家系统应用到我国传统中医领域。1986年，我国骨科学专家林如高教授团队协助福建中医学院与省计算中心，将林如高医学思想输入计算机，开发出当

> 人工智能的发展及前景展望

时居国内先进水平的"林如高骨伤计算机诊疗系统"。1992年，我国中医研究院和我国科学院软件所共同研发出"中医诊疗专家系统"。1997年，上海中西医结合医院与颐圣计算机公司联合开发了具有咨询和辅助诊断性质的"中医计算机辅助诊疗系统"。

进入21世纪后，政策、资本、社会、技术等方面优越的发展条件，推动了人工智能在医疗领域的快速发展。人工智能在医疗健康领域得到了更多应用，包括影像识别、辅助诊断、药物研发、生物医疗、营养学等。国内外的科技力量也陆续开始了人工智能技术在医疗领域的布局。例如，深度思考健康（Deep Mind Health）通过和英国国家医疗服务体系（National Health Service，简称NHS）展开合作，访问NHS的患者数据从而进行深度学习，训练有关脑部癌症的识别模型。

微软将人工智能技术应用于医疗健康计划Hanover，寻找最有效的药物和治疗方案。2016年，《美国医学会杂志》（JAMA）刊登了谷歌的研究——利用深度学习诊断糖尿病视网膜病变，谷歌的这款算法甚至超过人类医师。2017年，《自然》（Nature）刊登了斯坦福大学的研究，借助卷积神经网络（CNN），人工智能系统的皮肤癌鉴定水平与皮肤科医生相当。2017年，国内某科技公司推出了应用在医学领域的人工智能产品，该产品把图像识别、深度学习等领先的技术与医学跨界融合，可以辅助医生对早期肺癌进行筛查，有效提高筛查准确度，促进准确治疗，其开发的人工智能技术尤其对早期肺癌的特异性和灵敏度均达到较高水平。另一个例子为国内某科技公司对外发布了一款医疗人工智能产品，该产品通过海量医疗数据、专业文献的采集和分析，模拟医生问诊流程，提出诊疗建议，并与多家医院及第三方医学影像中心建立了合作伙伴关系，重点打造医学影像智能诊断平台，提供三维影像重建、远程智能诊断等服务。

人工智能技术正在成为影响医疗健康行业的关键因素，对提升医疗服务质量发挥着重要作用。科技公司将人工智能技术应用于医疗领域取得了长足进展，同时医疗机构也开始逐步投入研发医疗人工智能技术。美国著名大型医院如梅奥诊所、麻省总医院、克利夫兰诊所、约翰斯·霍普金斯医院等，已开始与人工智能科技公司合作研发各种医疗人工智能技术，其涵盖了辅助影像诊断、心脑血管疾病预测、癌症治疗方案定制、健康管理、医生之间或医生与病人之间信息交流、语音录入病历以及医院运营流程管理等领域。欧洲、美国、日本等发达国家和地区的大型医院也在药物研发、医疗机器人、生物技术创新、健康监测和预防急症等领域积极应用人工智能技术。

二、人工智能在医疗领域应用的现实意义

我国政府致力于提升面向全民的医疗服务水平，医疗人工智能技术有望成为改善医疗服务的有力工具。

目前，医疗人工智能已经不再局限于实验室研究，而是开始广泛应用于商业领域并获得了实际成果。借助先进技术（深度学习、计算机视觉和自然语言处理等），人工智能可以为各医疗科室提供临床诊疗辅助诊断和智能管理，在各种场景的共同作用下缓解资源紧张等问题。在辅助医生诊断方面，人工智能技术结合医学影像分析可以帮助医生精准确定病灶区域，提高诊疗效率和准确性。对于一些特定的疾病种类，人工智能辅助诊断技术可以代替医生完成疾病筛查检测工作，从而节约人力资源，提升医院运营能力。在健康管理方面，以人工智能技术为核心的智能体检应用、健康管理辅助设备、健康服务终端、咨询服务平台等，能够实现对自身健康的管理，使得初步自查自诊、个性化健康管理模式等成为可能，减少对医疗资源的占用。

现阶段，分级诊疗的难点在于基层医疗服务水平薄弱，分级诊疗难以落实。通过引入人工智能技术，可以快速将顶尖医学专家的知识和临床经验进行复制，为基层医生提供实时和有效的决策支持，从而提升医务人员的临床技能水平。此外，人工智能可以监控和分析大量医疗信息，可在预防医学中发挥一定作用。例如，人工智能可以根据病人的临床记录进行风险提示，当确定患者出现风险需要加以干预时，主动建议患者进行医师咨询，实现分级诊疗。人工智能在药物开发中具有广泛的应用领域，如协助新药研发、预测药物的疗效和安全性、构建新型药物分子、筛选生物标志物以及探索新的治疗组合方法等。人工智能中的深度学习和其他人工智能算法技术，可完成疾病筛查任务，节省研发成本，避免代价高昂的临床试验失败，推动药物研发转型升级，提高工作效率，减少人力成本。未来，人工智能技术将围绕医疗生态体系，在跨领域合作、提供整合式医疗服务、优化医疗服务价值等方面发挥作用，通过服务质量提升、服务

➢ 人工智能的发展及前景展望

模式创新，推动医疗体系各方面的变革和提升。

三、人工智能在医疗健康领域的主要应用场景

人工智能在医疗健康领域的应用，主要依托于整合和归纳大量医学诊断信息，将医生临床实践经验提炼为规范化的详细流程指南，以实现对患者病情的准确评估。随着人工智能在语音识别、图像识别和自然语言处理方面取得了重大进展，基于丰富的数据和深度学习，人工智能在医学诊断中的潜在应用已经被逐步证明。此外，在健康领域，人工智能可以驱动许多移动监控设备和应用程序，而移动设备将创建大量的数据集，为基于人工智能的健康和医疗工具的开发开拓新的可能性。目前，医疗人工智能的应用主要分为临床应用和医学研究两大方面。临床应用方面是为患者健康管理及医生临床决策支持，包括健康管理平台、合理用药、人工智能虚拟助理、医学影像辅助诊断等相关应用。医学研究则利用数据提取、模拟试验，进行药物研发、特定病症病因分析与治疗等相关研究[①]。

（一）人工智能虚拟助理

自然语言处理是人工智能领域中的一项重要研究，即对人们日常使用的具有各种表示形式的语言进行分析与处理。医疗领域中的人工智能虚拟助理是基于特定领域的知识系统，通过智能语音技术（包括语音识别、语音合成和声纹识别）和自然语言处理技术（包含自然语言理解与自然语言生成），实现人机交互，目的是解决使用者的某一特定需求。预问诊、分导诊、挂号等场景通常涉及大量重复简单的人力工作，人工智能的虚拟助理利用智能机器人、人脸识别、语音识别、远场识别等技术，并依托自然语言处理和知识图谱等认知层能力，再对患者的描述和诊疗需求进行分析，进而完成诊疗前的分类导诊、预问诊和诊疗引导等工作，最终提升诊前效率，为患者提供良好的就医体验。人工智能虚拟助理应用主要包括语音电子病历、智能导诊机器人及智能问诊。

1. 语音电子病历

语音电子病历是基于语音识别的关键技术和海量的医疗数据，开发电子病

---

① 孟晓宇，王忠民，景慎旗，等. 医疗人工智能的发展与挑战 [J]. 中国数字医学，2019，14（3）：15–17.

历与检查报告智能语音录入、移动护理智能语音录入、非接触式智能语音数据交互系统，实现病历信息快速录入和输出，这减轻了医生的工作强度，节省了时间以集中于治疗过程本身，提高了工作效率与质量。例如，国内部分放射科仍采用传统书写方式，通过专门记录员记录医生主诉内容，之后转录入电脑中，效率偏低。虚拟助理可将医生的主诉内容实时转为文本，录入HIS、PACS、CIS等医院信息管理软件中，这不仅提高了效率，而且促使医生将更多时间和精力用于与患者交流和疾病诊断。医疗人工智能可促使医疗病历向电子化方向积极转变。

2. 智能导诊机器人

导诊机器人主要基于人脸识别、语音识别、远场识别等技术，通过人机交互，执行包括挂号、科室分布及就医流程引导、身份识别、数据分析、知识普及等功能。从2017年起，导诊机器人产品开始陆续在北京、安徽、湖北、浙江、广州、云南等地的医院、药店中落地使用。语音交互技术、自然语言识别技术的发展，使得导诊机器人可在一定程度上替医务人员分担导诊分诊的工作[1]。

3. 智能问诊

智能问诊是基于医患沟通效率低下与医生供给不足这两大难题，旨在通过智能问诊产品提升医患沟通效率。例如，智能问诊的预问诊功能可以先采集患者信息，方便医生快速了解病情，提升沟通效率，并为患者在离院后提供用药指导。

（二）医学影像

人工智能医学能像是基于计算机视觉技术在医疗领域的重要应用，旨在提升疾病筛查和临床诊断的能力。在数据量和计算量的驱动下，图像识别技术发生了质的飞跃。

人工智能医学影像是当前医疗人工智能最为成熟的应用场景[2]。举例来说，目前利用眼底照片进行诊断的人工智能算法，在检测眼底疾病和视神经疾病方面越

---

[1] 刘红彦，闻智. 智能导诊机器人在综合性医院门诊的应用[J]. 中国卫生产业，2017，14（26）：55-57.
[2] 严律南. 人工智能在医学领域应用的现状与展望[J]. 中国普外基础与临床杂志，2018，25（5）：513-514.

▶ 人工智能的发展及前景展望

来越接近于专业医师的水准。将人工智能医学影像技术与诊断分级系统相结合，以引导患者去对应的医疗机构接受治疗，缓解眼科医生人员少和患者筛查需求大之间的矛盾，扩大眼科疾病筛查的覆盖范围。人工智能算法在医院信息系统或医疗设备中得到了广泛应用，如筛查系统、分析软件和诊断平台等。一些算法软件在被嵌入专业设备中后，能够自动产生检测结果报告，并提供一体化解决方案。人工智能技术在医学影像领域的主要应用包括识别和标记病灶、自动勾画治疗区域、实现自适应放疗，以及进行影像的三维重建等。

1. 病灶识别与标注

该类技术可针对 X 线、CT、MRI 等影像进行图像分割、特征提取、定量分析和对比分析，帮助医生发现病灶，提高诊断效率。

2. 靶区自动勾画与自适应放疗

该类软件通过算法帮助放疗科医生对 200~450 张 CT 片进行自动勾画，手动逐一勾画需要大约 4 个小时，该软件用 30 分钟即可完成，可以有效减少射线对病人健康组织的伤害[①]。

3. 影像三维重建

影像三维重建产品应用最早始于 20 世纪 90 年代，但由于存在配准缺陷而使用率不高。随着人工智能的发展，通过应用进化人工智能算法，能够有效解决反复出现的配准缺陷，精准实现影像三维重建。目前这一领域的软件主要被用于进行影像重建和 3D 手术规划，它们可以自动地生成患者器官的真实 3D 模型，并与 3D 打印机完美对接，进而打印出 3D 实体器官模型。借助 3D 可视化技术，可以协助医生进行术前的准备，以确保手术流程顺利推进，促进以个性化和精准化为特征的数字医疗的发展。

（三）辅助诊疗应用场景

人工智能辅助诊断通常会经历三个步骤：一是理解病症，二是评估医学证据，三是选择治疗方案。借助自然语言处理、认知计算、自动推理、机器学习和信息

---

① 萧毅,刘士远.医学影像人工智能产业化的现状及面临的挑战[J].肿瘤影像学,2019,28(3):129-133.

检索等技术，人工智能技术可以获取患者的病症信息，通过模拟医生具有的诊断推理能力，辅助医生诊断并制定治疗方案：首先，医生会根据患者的描述、体检和化验结果等了解病症信息；其次，人工智能系统会筛选出患者的重要病症信息，并结合患者过往的身体健康信息进行分析；最后，应用自然语言处理技术进行病历的阅读和理解。

人工智能技术可对患者或医生提供的特定病症信息做分析，并要求患者或医生提供额外的特定病症信息，据此提示患者或医生做进一步的检查和诊断。人工智能利用积累的知识数据（包括文献数据、诊疗标准、临床指南和临床经验等），依靠知识图谱和推理假设来分析患者的病症信息，得出可能的结论及支撑证据，并提出诊断和治疗方案。人工智能会在综合考虑治疗效果、副作用、疾病传播等多个方面因素后，辅助医生作出最终的诊断。

随着医学的不断进步，专业领域被细分，这使得临床医生掌握的专业疾病知识范围变得更为有限。然而，在真实临床环境中，疾病情况通常是多学科、多领域的复杂情景，需要临床医生具备综合诊断能力。与早期基于专家知识库的系统不同，人工智能辅助诊断提供的是决策支持，而非简单的信息支持。人工智能技术不依赖于事先定义好的规则，能够保证证据更新的时效性，快速智能地处理临床数据和医生反馈，拓宽查询以外的应用场景；其思辨能力能在一定程度上弥补临床医生医学知识的局限，帮助医生作出恰当的诊断决策，改善临床结果。人工智能辅助诊断应用场景包括医疗大数据辅助诊疗和医疗机器人。

1. 医疗大数据辅助诊疗

IBM 的沃森肿瘤系统（IBM Watson for Oncology）是基于认知计算的医疗大数据辅助诊疗解决方案，是全球第一个将认知计算运用于医疗临床工作中的案例。IBM 运用认知计算，打造人类认知非结构化数据的电脑助手，主要从理解、推理、学习这三项特质训练入手，让系统或与人类直接交互接受训练或深入各类非结构化数据自我训练。医疗大数据在产品类应用中将认知计算嵌入产品内，来实现智能行为、自然交流以及自动化；在流程类应用中，使用认知计算来实现业务流程自动化；在分析类应用中使用认知计算来揭示模式、做出预测以及指导更有效的行动。

人工智能的发展及前景展望

2. 医疗机器人

机器人是人工智能各类应用中最备受关注的一项应用,国内目前的医疗机器人主要包括骨科手术机器人、神经外科手术机器人等手术机器人,胶囊内窥镜、胃镜诊断治疗辅助机器人等肠胃检查与诊断机器人,针对部分丧失运动能力的患者以及其他用于治疗的康复机器人,例如智能静脉输液药物配制机器人等。

(四)疾病风险预测

疾病风险预测与精准医学的发展有着密不可分的联系。"精准医学"概念最早在2011年由美国医学界提出,其核心是"基因组学"(Genomics)的发展。基因组学是研究生物基因组和如何利用基因的一门学问,最早可追溯到1985年由美国提出,英国、法国、德国、日本以及中国等多国科学家共同参与的"人类基因组计划"。该计划通过测定人类染色体中所包含的30亿个碱基对组成的核苷酸序列,绘制人类基因组图谱,并且辨识其载有的基因及其序列,达到破译人类遗传信息的最终目的。人类基因组计划的一项重要目标,就是认识疾病产生的机制,从而实现疾病的预测。基因检测在精准医疗中发挥着重要作用。在传统基因检测中,基因组数量庞大,人工实验费时费力且耗费成本巨大、检测准确率低;而对于精准医疗来说,预测疾病风险和制定个性化的诊疗方案,都迫切需要大量的计算资源及数据的深度挖掘。人工智能技术基于强大的计算能力,能快速分析海量数据,挖掘并更新突变位点和疾病的潜在联系,强化人们对基因的解读能力,因而提供更快速、更精确的疾病预测和结果分析,实现疾病风险预测、辅助诊断、靶向治疗方案制定、诊后复发预测等功能。根据患者的基因序列等个人生理信息,人工智能可辅助进行疾病风险预测、个性化治疗方案的制定,实现精准医疗。

(五)药物研发

传统的药物研发存在研发周期长、研发成本高、研发成功率低等痛点。一款新药的研发,需要经过化合物研究、临床前研究、临床研究(临床Ⅰ、Ⅱ、Ⅲ期试验)、监管部门审批后才能够上市。美国塔弗茨药物开发研究中心研究表明,药物研发的失败率很高,5000种药物中平均只有5种能够进入动物试验阶段,而其中又只有1种药物能够进入临床试验阶段。所有进入临床试验阶段的药物，只有不到12%的药品最终能够上市销售。人工智能技术在药物研发环节能够起到缩短研发周期、降低研发成本的作用。目前，人工智能技术在药物研发的主要应用场景包括靶点筛选、药物挖掘、药物优化、临床试验阶段。

1. 靶点筛选

人工智能利用虚拟筛选技术，在计算机中模拟实体筛选过程，建立合理的药效团模型与化合物数据库进行匹配，通过分子模拟手段计算化合物库中的小分子与靶标结合的能力，提高筛选的速度和成功率，减少在构建大规模的化合物库、提取或培养靶酶和靶细胞等方面的成本投入。人工智能可以通过挖掘海量文献，包括论文、专利、临床试验结果等，进行生物化学预测，进而发现新靶点，也可以通过交叉研究和匹配已知靶点，发现新的有效的结合点。目前大型药企及药物研究机构以项目的方式与人工智能技术公司进行合作，加快药物研发进程。例如，英国初创公司 Benevolent AI 研发了增强判断认知系统（Judgment Augmented Cognition System，简称 JACS）平台，集成了大量的科学论文、专利、临床试验信息，协助药物研发人员在药物研发过程中确定正确的调制机制，筛选出最合适的靶点并预测患者的反应。Benevolent AI 已与全球多家大型药企达成合作，如在2019年4月宣布与阿斯利康开展长期合作，将利用人工智能和机器学习数据来研发慢性肾病（CKD）和特发性肺纤维化（IPF）的新疗法。双方的研发人员把阿斯利康的基因组学、化学和临床数据与 Benevolent AI 的靶标发现平台相结合，通过机器学习系统地分析数据来识别关联关系，以了解这些复杂疾病的潜在机制，以便更快地确定药物靶点。美国 Berg 生物医药公司的数据显示，运用人工智能大数据计算人体自身分子潜在的药物化合物及通过发掘人体中的分子来治疗疾病，要比人工研制新药的时间和成本节省一半。

2. 药物挖掘

人工智能技术可以辅助完成新药研发、老药新用、药物筛选、药物副作用预测、药物跟踪研究等方面的工作。在临床前药物测试中，需要耗费大量时间和金钱进行检验和试错，把得到的活性数据结合化合物结构得到初步的构效关系，以指导后续结构优化，若效果不理想，则需要退回上一步重新合成，非常耗费时间。

> 人工智能的发展及前景展望

人工智能技术可用于分析化合物的构效关系，即药物的化学结构与药效的关系，以及预测小分子药物晶型结构，即同一药物的不同晶型在外观、溶解度、生物有效性等方面的显著不同。在药物优化阶段，人工智能技术可通过对千万级分子监控，预测它们的活性、毒性和不良反应等，完成候选化合物的挑选和开发，快速全面改进先导物的分子缺陷。在药物晶型预测方面，人工智能技术可以挖掘一个分子药物的所有可能晶型。

3. 临床试验

识别并招募合适的患者来配合临床试验是研发过程中的难题之一。未能招募足够的参与者、患者中途退出、意外和严重的药品副作用以及错误的数据收集方法等问题都可能导致临床试验失败。人工智能技术可以帮助药企更精确地发现、筛选、匹配合适的志愿者，并帮助简化患者注册流程，同时收集及分析患者数据，获取患者的数据并进行持续跟踪。

在当前的药物研发过程中，应用人工智能技术面临的主要问题是高质量数据的缺乏。大部分数据来源于文献和实验，数据量不大但结构化难度高，这将大大影响筛选的结果。此外，医疗人工智能企业在理解药物设计逻辑方面存在不小的难度也是制约其发挥作用的因素。

（六）健康管理

健康管理，即人们运用信息和医疗技术建立的一套完善、周密和个性化的服务程序。其目的在于帮助健康及亚健康人群建立有序健康的生活方式，降低患病风险，远离疾病；一旦患病，则安排就医服务，尽快恢复健康。在未来，医疗健康生态体系更加强调预防疾病，特别注重高风险患者群体，并通过缩减成本及有效的方式来管理慢性疾病，为各类人群提供多样化的健康计划，但这个过程需要及时记录健康数据并寻求医疗专业技术支持，以便详细记录患者病情并提供准确全面的建议。

（七）医院管理及医学科研管理

人工智能可以通过实时数据的追踪、分析、预测来帮助医院优化管理。管理内容包括电子病历管理、质量管理、绩效管理、运营管理等。基于人工操作的系统管理容易产生误差大、成本高、耗时长、过程烦琐等问题，利用人工智能开展医院管理可以在技术层面上做到更加精准，减少人力成本，简化运营方式，提高透明度，给患者带来更好的医疗体验，为医务人员营造更便捷的工作环境。

目前，人工智能技术应用仍处于探索阶段。人工智能技术的应用需要具有丰富信息、标准化和组织良好的数据集。医院在信息化方面还有很大的提升空间，尤其是在院内数据的共享和质量方面有待改进。此外，多数医院还没有统一的临床规范和标准，这也给人工智能技术在医院场景管理中的应用带来了挑战。未来，医院应当继续推进数字化转型，建立统一、互联互通的数据基础，贯彻标准化的管理原则，并利用人工智能技术来改善医院管理状况，提升管理水平和效率。

除医院管理外，利用人工智能技术辅助生物医学相关研究者进行医学研究的应用场景逐步浮现。医学研究人工智能技术平台能够整合超强算力、高融合网络、仪器设备、算法模型、医疗数据等资源，提供医学研究服务方案，方便医生将深度学习、影像组学以及自然语言处理等前沿人工智能技术应用到临床科研实践中。辅助医学教学平台通过人工智能、虚拟现实等技术，构造虚拟病人、虚拟空间，模拟患者沟通、手术解剖等医疗场景，辅助医学教学。

（八）公共卫生

公共卫生领域的管理通常具有复杂性，依赖于高质量的人力资源，当人力资源供应不足时，其较难保持积极性。人工智能技术的发展有望解决这一困境。由于患者数据和通过研究收集到的数据都是数字化的，算法就可以利用这些数据来检测模式或了解注意点，随后帮助公共卫生工作者及早发现预警信号并作出临床决策。在突发公共卫生事件的防控中，人工智能技术应用于消毒机器人无死角消毒、巡逻机器人宣传等可以减少交叉感染。智能机器人可以解答关于就医指导和防护方法等问题，有助于减轻医疗资源短缺造成的压力，并降低交叉感染的可能性。疫苗研发领域也在利用人工智能技术。深度学习处理技术使科研人员可以更轻松地进行数据分析、快速筛选文献并进行相关测试。此外，目前主要利用传统的方法来追踪流行病的发生和传播。如果加强人工智能技术的利用以获得更广泛的数据，建立模型以观察疫情传播，尽早发现流行病暴发的信号，就可以更好地预测疫情，尽早制定出应对策略。

> 人工智能的发展及前景展望

四、人工智能应用于医疗行业的发展对策

在新一代人工智能技术的引领下，我国发展医疗人工智能有着良好的基础。在国家制度保障下，经过多年的发展，我国在人工智能领域取得了重要进展，且创新环境持续为人工智能发展创造良好条件。人工智能在医疗健康领域的发展既充满机遇又具有挑战，面对新的形势，只有紧跟时代步伐，不断突破发展瓶颈，创新发展，牢牢把握好方向，才能在瞬息万变的信息化发展中掌握核心科技。

（一）重视我国传统文化的优势

人工智能技术的集成时代不同于以往，人机之间的智慧传输、交互与共享共生是人工智能发展的必然趋势。新技术、新产品及其应用所带来的将是自然人与人工智能体和谐共生的社会新秩序。我们需要积极发挥中华优秀传统文化优势，在未来构建人机关系环境上，利用我国文明传统为人工智能医疗领域应用提供新的思路，从我国独特的价值优势和伦理赋予人工智能在医疗领域应用更多开放弹性的角度，推动国际社会人工智能技术在医疗领域应用的国际治理和行业自律。

（二）储备医疗健康人工智能领域的人才资源

人才资源方面，我们需要解决医学和人工智能科学交叉领域人才短缺的问题，储备从事医疗人工智能领域研究和应用的专业人才资源，并调整医疗领域人才结构和知识结构，积极引进和培养掌握人工智能技术的人才。由于医学和人工智能分属两个不同的学科，交叉领域在专业设置方面难以在短期内完善。因此我们需要倡导和鼓励广大医疗工作者学习人工智能的相关知识，并通过与掌握大数据和人工智能技术的企业、科研单位、学者、技术人员开展合作的方式，通过有针对性地开设人工智能技术等继续教育课程等方式培养"医学＋人工智能技术"的交叉型人才，以产学研融合为路径聚焦人才资源。

（三）发挥我国公立医院的创新作用

我国大型公立医院既承担着医学研究责任，又是转化医学的践行者，有能力搭建人工智能技术与临床实践的有效连接。科技行业需要秉持与公立医院紧密合

作的战略定位，通过更好地理解患者及医务人员的需求，提供人工智能技术解决方案。

人工智能技术具有应用于医疗各领域的潜质。尽管人工智能技术的应用在医学中的作用，对其应用的研究可能带来新的进展，但在关乎生命健康的医疗领域，人工智能技术应用需要达到与临床实践较高标准的融合。人工智能这一新兴技术尚未与公众及患者建立起信任关系，认知缺失可能对其应用带来负面影响。因此，我们需要明智而谨慎地部署新技术，为新技术的临床应用创建严格的试验及验证方法，而公立医院在其中的作用举足轻重。

任何形式的人工智能技术都需以患者和医疗专业人员为中心，以临床实践的需求为出发点，以已有的临床实践知识为基础，根据最高的监管标准对支持人工智能的技术进行严格测试，确立其合理的使用、评价及监管机制。在这一层面上，应充分发挥公立医院的作用，使其与政府、学术界、产业界、资本界之间展开充分合作，促进思想交流；启动智能医疗的新项目，通过适当的临床验证，理解人工智能的可靠性、安全性和有效使用，理解人工智能技术应用的优点和局限性，为人工智能技术在医疗领域的转化应用基础标准、支撑标准、技术标准、产品与服务标准、应用标准及安全伦理标准的制定提供依据；开展面向公众的科普宣教，促进人工智能技术在造福所有卫生健康利益相关者方面发挥积极作用，推动人工智能在医疗领域合乎伦理、安全、有意义的发展。

第四节　人工智能在教育行业的应用及发展

一、人工智能与教育的关系

从本质上来看，人工智能教育应用中的问题是由于人们未能正确认知和对待人工智能与教育之间的关系。因此，我们应从辩证的、系统的和前瞻性的多维视角去认知和理解人工智能与教育之间的关系，如图4-4-1所示。

➤ 人工智能的发展及前景展望

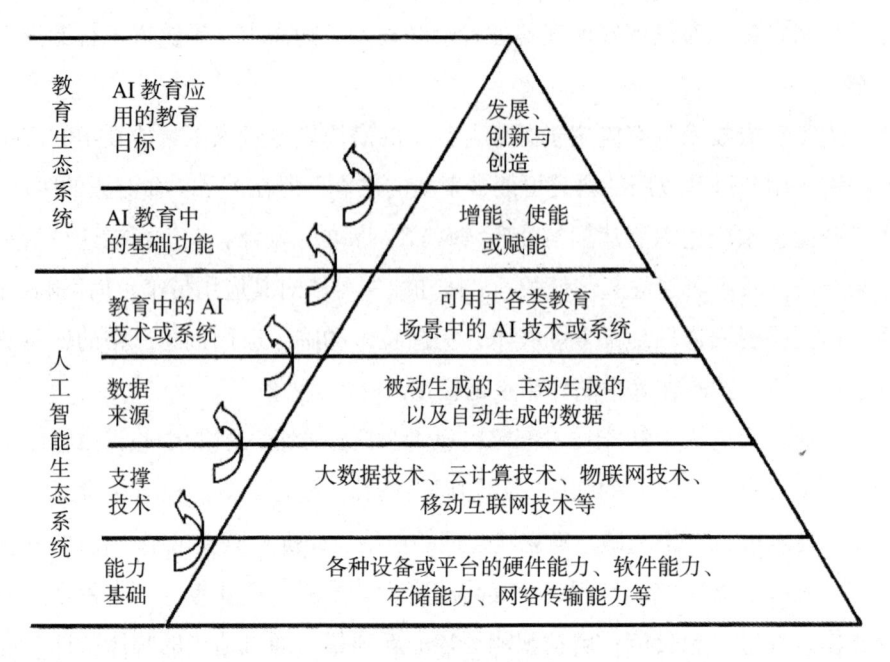

```
                        ╱╲
                       ╱  ╲
教              AI教育应  ╱    ╲  发展、
育              用的教育  ╱      ╲ 创新与
生                目标  ╱        ╲ 创造
态              ─────────────────────
系              AI教育中  ╱          ╲ 增能、使能
统              的基础功能╱            ╲ 或赋能
              ─────────────────────────
                教育中的AI╱   可用于各类教育  ╲
人              技术或系统╱   场景中的AI技术或系统╲
工            ─────────────────────────────
智              数据      ╱   被动生成的、主动生成的╲
能              来源      ╱   以及自动生成的数据    ╲
生            ─────────────────────────────────
态              支撑      ╱ 大数据技术、云计算技术、物联网技术、╲
系              技术      ╱ 移动互联网技术等                  ╲
统            ─────────────────────────────────────
                能力      ╱ 各种设备或平台的硬件能力、软件能力、  ╲
                基础      ╱ 存储能力、网络传输能力等            ╲
                       ───────────────────────────────────────
```

图 4-4-1 人工智能教育应用的生态系统结构示意图

人工智能教育应用的生态系统结构类似于"金字塔"式的结构，其是由底层的人工智能生态系统和上层的教育生态系统组成的。人工智能生态系统的基础构成包括能力基础、支撑技术和数据来源。人工智能技术或系统在教育场景中发挥着支持教育生态系统的作用。在人工智能教育应用中，教育生态系统扮演着"上层建筑"的角色，通过增能、使能和赋能实现教育目标，即培养学习者的发展、创新和创造能力。

就技术而言，人工智能并非完全依附于特定学科，而是一种应用型技术，其依赖于相关设备、系统能力、支撑技术和数据体系。人工智能技术可以增能、使能和赋能，有助于解决相关领域的难题，提高工作的效果、效率和价值。因此，人工智能发展和应用的本质是作为手段出现的，而非一个目标，若将其视作目标，便可能出现问题。

人工智能教育应用与教育领域中的其他技术并没有本质区别，它们都致力于提升教育质量、优化教育过程、实现教育目标，即达到教育的最优化。教育的目的和重要性影响着人工智能教育的场景设置、内容编排和教学方式，而教育工作者的教学智慧则是人工智能教育取得成功的关键因素。教育技术发展的历史表明，技术永远不会取代教师的角色，这也同样适用于人工智能。否则，教育会出现不同的问题，导致偏离原有的方向。

二、人工智能技术与教育融合的模式

在发展人工智能教育应用时，我们应当专注于教育目标和核心价值，将人工智能技术的优势融入教育教学过程。如果按照人工智能技术在教育领域的应用方式进行划分，那么人工智能技术与教育的融合就可分为人工智能主体性融入模式、人工智能功能性嵌入模式以及人工智能辅助技术模式。这三种模式的共同目标是将人工智能应用到教育中，以达到增能、赋能和使能的目标，实现教育最优化发展。

（一）人工智能主体性融入模式

人工智能主体性融入模式模式是指人工智能技术在教育中扮演着主体性的角色，即可以替代教师、咨询者、学伴、管理者或决策者完成知识传授、程序执行和事务处理等方面的工作，如智能教学系统、智能问答系统、智能学习游戏、智能教务管理系统和智能决策支持系统等。人工智能技术是整个系统或应用过程的重要组成部分，其是为了让教师、管理人员和决策者从繁杂的事务中解脱出来，以便将更多时间、精力和智慧投入个性化教学、培养创造力和鼓励创新精神等方面。

（二）人工智能功能性嵌入模式

人工智能功能性嵌入模式模式是指将人工智能技术看作教育过程中的辅助性功能模块，进而将其嵌入教育过程。人工智能技术在教学、学习和管理过程中发挥着重要作用，如推荐学习内容、分析学习进度、评估学习效果以及优化学习体验以及数据挖掘等。人工智能技术在适应性学习、个性化学习、个别化学习、深度学习、教育游戏等教学模式中也得到了广泛应用，旨在协助教师、学生和管理者优化教学和管理流程。

（三）人工智能辅助技术模式

作为一种框架性术语，辅助技术（assistive technology）是指辅助残障群体的

> 人工智能的发展及前景展望

技术以及辅助性、适应性和康复性的设备，其还可提供包括选择、定位和使用流程等功能。人工智能辅助技术并非直接增强教学和学习的效果，而是致力于帮助残障群体缩小与身心健康群体在身体和认知能力方面的差距，从而实现真正意义上的教育公平。比如，借助智能语音识别技术，盲人可以与周围环境进行有效互动；可穿戴设备可以改善残障人群的身心功能。麻省理工学院媒体实验室研发了一款手指戴式设备 Finger Reader，使用者启动 Finger Reader 后，只要需在屏幕或纸质页面上移动指尖，该设备即可实时朗读文字。如今，智能机械手、智能假肢、智能轮椅等人工智能辅助技术设备可以帮助残障群体恢复正常的行动能力。

三、人工智能应用于教育行业的发展策略

（一）推动理论创新

随着科技的不断进步，人工智能教育工作者需要更深入地了解人工智能的基本原理、应用方法和使用场景，以应对人工智能领域不断革新的挑战。个性化学习、适应性学习和深度学习等理论的深入探究，为人工智能在教育领域的应用奠定更科学的理论基础，减少技术实践中潜在的问题和缺陷。通过推进理论研究创新，人们可以开辟人工智能教育应用的新领域、新模式和新场景。

（二）提升人工智能信息素养

为了推动人工智能教育应用的发展，确保人工智能教育更加合理、正确和高效地应用，我们需要积极开拓新的领域，避免出现错误和框架限制，提升人们的信息素养水平；教育工作者需要具备人工智能应用的知识，理解其用途，并能够运用这些知识进行管理和决策，甚至参与相关应用的设计和开发。提升在职教师对人工智能教育应用的认知和技能水平，对解决在职教师信息素养不足问题至关重要。学习者可以根据个人的学习需求来熟悉并掌握人工智能技术（或系统）的应用。

（三）强化知识与能力学习

在师范专业课程中，除了教授"现代教育技术"和"计算机文化基础"，还会教授大数据、云计算、人工智能、物联网等领域的基础理论和实践内容。学习

不仅为教育工作者在未来的工作环境中利用人工智能教育应用提供了必要的知识和技能，也是提升教师人工智能教育应用能力的主要方法。

（四）规范教育大数据应用标准

教育大数据涉及教育工作者、学生和管理人员的隐私和安全信息，在谁可以访问这些数据、谁可以利用这些数据、人工智能如何分析这些数据（如个性、性格、行为偏好、智力水平、学习水平等）等方面存在着相关问题。数据泄露和不受约束的人工智能教育应用会不可避免地产生伦理和法律问题，使得教育目标偏离正轨。Google、Facebook、Amazon、IBM 以及 Microsoft 已经联合宣布成立了 AI 合作组织（Partnership on AI），同时设立了人工智能伦理咨询委员会，目的是研究与探讨人工智能应用和研究的道德准则，以确保人工智能的应用符合人类社会的整体利益。

四、人工智能教育的未来发展方向

（一）以数据驱动引领教育信息化发展方向

人工智能技术在教育领域得到了广泛应用，推动了信息技术和教育的融合创新。人工智能在教育领域的应用发展已经从过去依赖规则的知识表示和推理，转变为现在更多地依赖深度学习技术进行自然语言处理、语音识别和图像识别，这说明智能系统的学习方式已经从最初的专家驱动转变为机器自主学习获取。除了对算法模型进行重大改进，大数据作为模型的训练数据集，为人工智能提供了强大的动力支持。大数据智能是通过利用数据驱动和认知计算技术，从海量数据中提取信息并基于这些信息作出智能决策的方式。数据已经成为产业界竞争中不可或缺的要素，对数据进行智能驱动的决策和服务已经在学术界引起了极大的关注。在教育领域，数据可以用来阐释教育现象、揭示教育规律，并预测未来发展趋势。数据驱动的方法推动着教育研究迈向更加注重数据和实证的方向，摆脱了过去的经验主义倾向。因而，教育数据的变革已经开始了。人工智能在教育信息化领域的发展将以数据为基础驱动。

> 人工智能的发展及前景展望

（二）以融合创新优化教育服务供给方式

人工智能应用于教育领域，是一种跨学科、跨领域和跨媒体的融合创新。目前，人工智能已广泛应用于神经科学、认知科学、心理学、数学等基础学科领域，这种跨学科的交叉融合推动了教育人工智能技术的发展。此外，人工智能的发展也需要进行相应的教育和培训。这种教育和培训应该以 STEM 学科融合为基础。人工智能和教育互为补充、相互推动。跨领域推理融合了来自各个领域的数据和知识，为人工智能教育提供了基础。跨媒体感知计算利用智能感知、场景感知、视听觉感知以及多媒体自主学习等理论方法，在实现全面感知以及在复杂、多元、多层面的大场景感知方面发挥着关键作用。将人工智能技术融入教学内容、教学媒体和知识传播路径，打破了传统教育的局限性，提供了跨学科、跨媒体、跨时空的智能教育服务供给，有助于构建"人人学习、无所不学、随时可学"的学习型社会。

人工智能技术正在加速推动教育信息化的发展。然而，在推动人工智能教育应用的过程中，存在许多具体问题需要进行讨论和解决。例如，使用公开的教育数据来训练人工智能算法模型，可能存在涉及个人隐私泄露等信息安全风险；在教学和考试中应用相关技术可能需要同时改善政策和制度；人工智能在提高教学效率和促进教育公平的同时，是否也会加剧数字鸿沟；人工智能如何促进残障人士在教育领域实现平等融入；如何应对人工智能所带来的变化对教师、学生、教育研究以及教育管理和规划等领域的影响。面对全球智能化的趋势以及带来的挑战，教育工作者需要积极主动地调整发展策略，充分发挥现有技术的优势和潜力，为社会经济发展提供支持。

第五章 人工智能的多领域前景展望

本章为人工智能的多领域前景展望,主要从人工智能在自然语言处理领域的发展前景、人工智能在图像处理领域的发展前景、人工智能与5G通信技术的融合发展前景、人工智能在社会设计领域的发展前景、人工智能在电气自动化领域的发展前景五个方面展开了介绍。

第一节 人工智能在自然语言处理领域的发展前景

现如今,科学技术水平日渐提升,人工智能得以发展,在互联网应用过程中,自然语言处理技术研究也成为一个重要方面,把握该技术的发展应用,对于社会进步具有重要推动作用。就自然语言处理相关技术及应用领域进行阐述,进一步对自然语言处理的发展展望进行探究,旨在推进自然语言处理技术的不断发展,迎接新时代下的多项挑战。

一、自然语言处理相关技术的应用领域

(一)个性化智能推荐

基于自然语言文本挖掘的个性化智能推荐系统通过深度分析用户的个人资料和历史行为,学习用户的兴趣爱好,预测用户的偏好和评分,从而为用户提供个性化的推荐服务。

首先,个性化智能推荐系统会对用户的活动进行追踪和记录,包括用户的浏览记录、购买记录、搜索记录等;其次,系统会对这些数据进行深度分析,挖掘用户的兴趣爱好、消费习惯、需求偏好等信息;最后,系统会根据这些信息,为

> 人工智能的发展及前景展望

用户推荐符合其需求的商品或服务。这样一来，用户就可以更加高效地找到自己感兴趣的内容，而商家也可以更加精准地提供符合用户需求的产品和服务。

个性化推荐系统的出现，不仅改变了用户获取信息的方式，也改变了商家与用户之间的沟通方式。传统的信息获取方式，用户通常需要自己搜索或浏览大量信息，才能找到所需内容。而个性化推荐系统则可以将用户最感兴趣的内容直接推荐给他们，大大提高了用户的选择效率。对于商家来说，个性化推荐系统也可以帮助他们更加精准地定位用户需求，提高销售效率和客户满意度。

除了电子商务领域，个性化推荐系统也在新闻领域得到了广泛应用。通过分析用户的阅读偏好、浏览行为以及互动情况，系统可以深入了解用户的兴趣爱好和需求，从而为用户提供更加个性化的新闻推送服务。这样一来，用户不仅可以更加高效地获取自己感兴趣的新闻内容，还可以在阅读过程中享受到更加个性化的体验。

（二）语音识别技术

语音识别技术已经成为我们日常生活和工作中不可或缺的一部分。这种技术能够将我们的口语迅速转化为书面文本和指示，使计算机能够理解和处理语音信息，从而满足我们多样化的需求。

语音识别技术需要逐步拆解连续的讲话，制定准确的规则来确保对语义的准确理解。前端去噪、语音分段等步骤是语音识别技术中不可或缺的环节，它们为后续的识别和理解提供了坚实的基础。语音识别的整个流程可以被划分为声学建模、语言建模和解码这三个方面，每一个环节都至关重要，共同构成了语音识别技术的核心框架。

在家庭生活中，语音识别技术已经实现了广泛的应用。通过整合智能设备，我们可以实现自动切断电源、频道切换等功能，集中控制多个遥控设备。这种智能化的生活方式不仅提高了我们的生活质量，还为我们带来了更多的便利和舒适。此外，在驾驶过程中，语音识别技术也发挥着重要作用。我们可以通过手机导航，利用语音助手来打电话，这样不仅可以降低对驾驶人员的干扰，还能确保行车安全。

除了家庭生活和驾驶场景，语音识别技术还在医疗、教育、娱乐等领域发挥着重要作用。例如，在医疗领域，语音识别技术可以帮助医生快速记录患者的病情和诊断结果，提高工作效率；在教育领域，语音识别技术可以辅助学生进行口语练习和语音评估，提升学习效果；在娱乐领域，语音识别技术可以为我们提供更加丰富的互动体验，让我们的生活更加多姿多彩。

（三）机器翻译技术

每当我们看到不认识的单词或语句时，大多数人第一时间会想到谷歌翻译或有道翻译等工具，此类翻译工具是系统可以将一段中文自动翻译成另一种语言，完成的质量也是相当惊人，它背后的技术就是机器翻译。

机器翻译是利用计算机将一种自然语言（源语言）转换为另一种自然语言（目标语言）的过程。既然是翻译，那么就需要保持语意。早期，机器翻译系统是基于词典和语法规则系统，在保持语意方面不尽如人意，尤其是特定的语意很难保证翻译质量。近年来，随着大数据和深度学习等技术的发展，机器翻译技术得到了质的飞跃，促进了翻译质量的快速提升，在口语等领域的翻译也更加地道流畅。这些工具在帮助人们和企业打破语言障碍的同时，也获得了市场的认可。

机器翻译具有较强的自动化特征。随着全球电子商务的飞速发展，语言障碍逐渐成为制约跨境电商业务进一步扩张的关键因素。在这种背景下，对于开展国际业务的电商平台来说，实施多语言化战略显得尤为重要。这不仅是为了满足全球用户对于使用母语进行搜索的需求，更是为了打破语言壁垒、推动商品和服务的全球化流通。然而，实施多语言化战略并非易事。对于跨境电商网站而言，为适应各种语言的搜索引擎而投入大量成本显然并不现实。这就要求电商平台在有限的资源下，寻求更加高效和经济的解决方案。

在实际操作中，用户往往通过网站的分类导航快速定位到感兴趣的商品类别，然后浏览商品标题，再深入查看商品详情和用户评论，以便更全面地了解商品。这一过程中，如果用户在阅读过程中受到语言障碍的干扰，无法获取他们需要的信息，他们很可能会选择立即关闭页面，从而导致用户的流失，这不仅会影响电商平台的用户体验，还会对商家的销售业绩产生负面影响。

因此，电商平台可以借助大数据翻译技术，利用机器翻译实现对商品信息、用户评论等内容的实时翻译。随着机器翻译技术的不断发展和普及，目前每天实

> 人工智能的发展及前景展望

际在线翻译数量已经超过了 1 万亿个词语。这一技术的应用，不仅可以大幅度提高翻译效率，还可以降低翻译成本，为电商平台实现多语言化战略提供有力支持。同时，电商平台还可以结合用户行为数据，对翻译质量进行持续优化。通过对用户搜索、浏览、购买等行为的分析，电商平台可以了解用户的语言偏好和购物习惯，从而针对性地优化翻译策略，提高用户满意度和忠诚度。

（四）招聘与求职

人事（HR）招人是企业发展的必经之路，如何找到最合适职位的人选？以前每一个人事都需要筛选成百上千份的简历，如今，通过自然语言处理技术的帮助，人事可以轻松地找到合适的候选人，不需要一个一个去查看。

该技术与命名实体识别的信息抽取类似，可以识别提取专业、姓名、城市和经历等信息。然后，利用这些特征来分类和筛选，或者也可以根据简历推荐来匹配符合的职位。这样既做到了对简历进行无偏见的筛选，为空缺职位挑选出最合适的人选，又不需要太多人力。

（五）搜索的自动更正和自动完成

每当人们在百度或 google 等搜索某个内容时，在输入 2~3 个文字后，它会自主显示可能的搜索词；当人们搜索一些有错别字的词语，它也会自动更正错误词语，最终帮人们找到想要的相关结果。

人们每天都在使用这些技术，一般人关注不多，但是会觉得很方便。这便是自然语言处理技术最典型的应用案例之一，它正在影响着世界上的几亿人。搜索的自动完成和自动更正，有助于我们更有效地找到准确结果，减少输入的文字，从而节省时间。很多公司都在系统中应用这个功能，比如国内的淘宝、微博和知乎等。

（六）社交媒体监控

我们的生活早已离不开社交媒体，微博、微信、抖音等已是人们生活中的必需品，所有社交媒体的相关企业，还有政府的监管部门，都会对社交软件中的内容进行识别、分析、监控和屏蔽。这样做一方面分析社交媒体中的文字，根据关键词匹配，来推送广告；另一方面，以避免出现国家安全方面的潜在威胁。这里用到的也是自然语言处理技术。

（七）聊天机器人

聊天机器人应用最多的是客服行业。如今，大多数企业的客服都是智能机器人，比如天猫和微信等。当有问题咨询客服时，首先找到的一定是智能客服，相对简单的问题，智能客服都可以解决。智能客服不仅能实现流畅的客户体验，节约客服和客户的时间成本，同时能搜集大量客户反馈的信息数据，从而帮助企业改进产品。

1.人机自然语言交互

智能设备的快速发展正在改变着人和机器之间的交互方式。人和机器之间的对话交互有以下四个特点：

第一，人和机器之间的对话交互一定是通过自然语言。对于人来说，自然语言是最自然的方式，也是门槛最低的方式。

第二，人和机器的对话交互是双向的。不仅是人和机器说话，而且机器也可以和人对话。在某些特定条件下，机器人可以主动发起对话，比如查机票时，机器主动询问客户是否需要查找特价机票。

第三，人和机器的对话交互是多轮的。为了完成一个任务，人和机器的对话常常涉及多轮交互。

第四，上下文的理解。这是对话交互和传统的信息搜索最大不同之处。传统搜索是关键词，前后的关键词是没有任何关系的。对话交互需要考虑对话上下文，然后理解话的意思。传统的对话交互大概会分成四个模块：语音识别子系统会把语音自动转成文字；自然语言理解把用户说的文字转化成一种结构化的语义表示；对话管理根据刚才的语义理解的结果来决定采取什么样的动作，比如订机票、设置闹钟；自然语言生成根据语义理解结果及参数生成一段话，并通过文本到语音（Text to Speech，简称 TIS）引擎转换成语音。

语言理解简单来说就是把用户说的话，转换为一种结构化的语义表示，从方法上会分成两个模块：意图的判定和属性的抽取。比如顾客说："我要买一张下周去新疆的飞机票，国航的。"首先，意图判定模块理解顾客的意图是要买飞机票。其次，属性抽取模块把关键信息抽取出来，比如出发时间、目的地、航空公司，

> 人工智能的发展及前景展望

从而得到一个比较完整的结构化表示。人机对话中的语言理解面临四类挑战。第一，表达的多样性。同样一个意图，不同的用户有不同的表达方式。对于机器来说，虽然表达方式不一样，但意图是一样的，机器要能够理解人的意图。第二，语言的歧义性。比如说，"我要去拉萨"，它是一首歌的名字。当一个人说"我要去拉萨"的时候，他表达的可能是听歌，也可能是买一张去拉萨的机票或者火车票，或者旅游。第三，语言理解的混乱性。人们的日常说话比较自然随意，语言理解要能够捕获或者理解人的意图。第四，上下文的理解。

2. 几种典型的聊天机器人

聊天机器人可分为任务型、问答型和闲聊型。机器客服主要是任务型、问答型和任务问答综合型，例如阿里小蜜。有些机器人除了做任务和回答问题，还可以与人类闲聊，例如微软开发的小冰和图灵机器人等。阿里小蜜通过整合阿里巴巴旗下淘宝、天猫、支付宝等多元平台的规范、规则和公告，构建了一个庞大而详尽的知识库。这一知识库不仅真实、有趣，而且极具实用性，为人机交流提供了坚实的基础。阿里小蜜能够从大量的真实对话中提取有用的信息，理解对话的背景和语义，从而实现更加自然的交流。无论是购物咨询、售后服务，还是支付问题，阿里小蜜都能够快速、准确地为用户提供解决方案。这种智能化的服务模式不仅提高了用户体验，也为阿里巴巴的企业运营带来了巨大的便利。

京东智能客服机器人（JD Instant Messaging Intelligence，简称 JIMI）旨在为广大京东顾客提供更加优质、便捷的购物和咨询服务。JIMI 具备强大的命名实体识别能力。当用户输入一段文字时，JIMI 能够迅速识别出其中的人物、地点、产品等关键信息，进而提取出专有名词。这一功能使得 JIMI 能够更好地理解用户的话语和意图，为后续的答复和咨询提供了坚实的基础。在实际应用中，JIMI 能够通过对用户输入文字的分析，准确理解用户的实际需求。这一能力的实现得益于 JIMI 对大量用户数据的深度学习和挖掘。只有当 JIMI 准确理解了用户的意图，才能提供针对性的答复和建议，从而提升用户体验。无论是关于订单、售后、商品还是聊天等方面的问题，JIMI 都能迅速将其归类到相应的类别中。这一步骤有助于 JIMI 更加精准地匹配答案，提高回答问题的效率。在答案匹配阶段，JIMI 会运用其强大的自然语言处理能力，从海量的知识库中提取与用户问题相关的候选答案。通过对候选答案的排序和筛选，JIMI 能够为用户推荐最合适的答案和建议。在这个过程中，JIMI 还会根据用户的反馈和历史数据，不断优化答案匹配算法，提升回答质量。

图灵机器人是北京光年无限科技有限公司开发的人工智能产品，产品服务包括机器人开放平台、机器人操作系统和场景方案。通过图灵机器人，开发者和厂商能够以高效的方式创建专属的聊天机器人、客服机器人、领域对话问答机器人、儿童/服务机器人等。图灵机器人的中文聊天对话功能是基于图灵大脑中文语义与认知计算技术，图灵机器人具备准确、流畅、自然的中文聊天对话能力。

（八）评论情感分析

随着互联网的飞速发展，越来越多的互联网用户从单纯的信息受众变为互联网信息制造的参与者。互联网中的博客、微博、论坛、评论等这些主观性文本可以是顾客对某个产品或服务的评价，或者是公众对某个新闻事件或者政策的观点。

商品评论出现最多的是电子商务网站。顾客在购买商品以后可以发表他们关于该商品的使用体验。电商网站通常会对评价文本和评价分数进行分析。一方面，评价分析结果反映了顾客对产品的关注点，例如，商品评论区的评价分类标签；另一方面，顾客常常会对产品和服务提出意见和建议，那么，评价分析结果可用于商家改进商品和改进服务。

对于电商领域的商品评价，其特殊之处主要有五点：第一，短文本居多，行文大多随意、口语化；第二，体验很好和体验很差的顾客更容易对商品进行评价，因此，电商为了获得买家更多的顾客体验评论，甚至采用返现、红包、积分等激励措施；第三，商品评价大多采用第一人称，表达个人体验，情感词丰富；第四，评价主要针对电商产品或产品相关属性，如送货服务、售前和售后客服、颜色、味道、材质、尺寸等对象进行观点评价；第五，包含电商领域特有的评价用语，但是这些评价用语的词库在不断改变和扩充。

目前，百度、科大讯飞等公司都提供了开放的自然语言情感分析工具。电商平台的商品评价文本对于商家制定商业策略或者决策非常重要，而以往仅靠人工监控分析的方式不仅耗费大量人工成本，而且有很强的滞后性。机器虽然无法百分百准确地通过文字识别出顾客体验，但是采用计算机自动且高效地进行电商评论情感分析是学术界和工业界的大趋势。

二、自然语言处理技术的发展展望

（一）国外自然语言处理技术发展

自然语言处理（NLP）是一门研究如何实现人与机器之间用自然语言进行有效通信的科学技术。在知识获取领域，NLP 技术的应用非常广泛，包括文本挖掘、机器翻译、智能问答等。通过这些技术的应用，我们可以轻松地从各种文本资料中提取出所需的信息，实现快速、准确的知识获取。

随着人们对自然语言处理技术的需求不断增加，各国纷纷加大了对 NLP 研究的投入。政府、企业和学术机构纷纷设立专项基金，支持自然语言处理技术的研发和应用。同时，随着人工智能技术的快速发展，自然语言处理与机器学习、深度学习等领域的交叉融合也为 NLP 技术的发展提供了更广阔的空间。

目前，国外自然语言处理研究显示出以下三个明显的发展方向：

第一，基于句法—语义规则的理性主义方法受到质疑，随着语料库建设和语料库语言学的崛起，大规模真实文本的处理成为自然语言处理的主要战略目标。

在自然语言处理领域中，基于句法—语义规则的理性主义方法曾一度占据主导地位。这一方法的哲学基础是逻辑实证主义，它认为智能的基本组成单位是符号，认知过程则是基于这些符号的表征进行运算。因此，理性主义者坚信，思维本质上就是符号运算。他们专注于某一特定领域，运用基于规则的句法—语义分析等主流技术，以期在自然语言处理上取得突破。然而，随着语料库的建立和语料库语言学的兴起，处理大规模真实文本逐渐成为自然语言处理的主要战略目标。这一转变不仅改变了自然语言处理的战略方向，也引发了对基于规则的理性主义方法的怀疑。

理性主义方法的局限性在于难以应对自然语言系统的复杂性和多变性。自然语言系统需要的规则数量和细节要求远远超过以往的任何系统。此外，随着系统知识的规模和深度发生巨大变化，系统需要以全新的方式来处理获取、呈现和管理知识等基本问题。这些挑战使得基于规则的理性主义方法在处理大规模真实文本时显得力不从心。

与此同时，语料库的形成与发展以及语料库语言学的兴盛，为自然语言处理提供了新的可能。语料库是最理想的语言知识资源，因为它结合了大规模和真实的文本数据。基于语料库的分析方法（经验主义方法）逐渐受到重视，成为基于规则分析方法（理性主义方法）的关键补充。

经验主义方法强调从大规模真实文本中提取语言规律，而非依赖于人工制定的规则。这种方法更加符合自然语言的实际使用情况，因此在处理大规模真实文本时具有更大的优势。通过基于语料库的分析，我们可以更深入地理解自然语言的结构和语义，从而开发出更加准确、高效的自然语言处理系统。当然，这并不意味着我们应该完全放弃基于规则的理性主义方法。在某些特定领域和场景下，这种方法仍然具有不可替代的优势。然而，随着自然语言处理领域的不断发展，我们需要更加注重对大规模真实文本的处理。这将是我们未来相当长一段时间内的重要战略目标。

为了实现这一战略目标，我们需要在理论、方法和工具等方面进行彻底的革新。我们需要深入研究自然语言的结构和语义，探索更加有效的处理方法。同时，我们也需要开发出更加先进、高效的自然语言处理系统，以满足人们对于处理大规模真实文本的需求。

第二，自然语言处理中越来越多地使用机器自动学习的方法来获取语言知识。传统的语言学研究主要依赖于语言学家的手工总结和分析，然而这种方法存在着明显的局限性。人的记忆力有限，即使是经验丰富的语言学家，也无法涵盖和记忆所有的语言数据。因此，传统的手工方法获取语言知识不仅效率低下，而且容易受到主观因素的影响。语言现象的复杂性远远超出了我们的想象，而且语言的使用也在不断变化和演进。所以，我们需要一种更为高效、准确且客观的方法来获取语言知识。

近年来，随着机器学习技术的快速发展，越来越多的研究者开始尝试使用机器学习方法来获取语言知识。他们通过建立庞大的语料库，利用机器学习技术，让计算机能够自动从大量文本中学习和提取精确的语言知识。这种方法不仅大大提高了语言知识的获取效率，而且能够避免主观因素的影响，使得研究结果更为客观和准确。

当前，构建机器词典和处理大规模语料库已经成为自然语言处理领域的研究重点。这些技术的发展，使我们可以从海量的语言数据中提取出有用的信息，进而揭示语言的深层结构和规律。这无疑是对传统语言学研究方式的一次重大突破，标志着我们在语言学中获取语言知识的方式取得了重大的进展。

作为现代语言学工作者，我们应该密切关注这些变化，并逐渐调整我们获取语言知识的方式。我们不仅要继续发扬传统语言学研究的优点，同时也要积极吸收和应用新的技术手段，以便更好地理解和研究语言现象。只有这样，我们才能在这个快速变化的时代中，不断推动语言学研究的进步和发展。

第三，统计数学方法越来越受到重视。在自然语言处理（NLP）这个领域中，统计数学方法的应用日益广泛，成为处理和分析语言数据的得力工具。面对庞大的语料库，单纯依赖人工观察和内省来揭示语言的深层次结构和特征，显然力不从心，甚至可能走入误区。因此，我们必须借助统计数学的力量，通过其精确计算和严密推理，来揭示语言的内在规律。

语言模型是描述自然语言结构和特征的理论框架，它的构建是NLP研究的核心任务之一。传统上，语言模型主要依赖于规则型的构建方式，即语言学家们凭借自身的专业知识和经验，手动制定一系列语言规则。然而，这种方式存在明显的局限性。首先，语言学家的知识和经验可能带有主观性，导致建立的规则不够客观和准确；其次，语言规则的数量和复杂性随着语言的发展而不断增加，使得手动建立规则变得越来越困难。

为了克服这些局限性，基于统计数学方法的语言模型应运而生。统计语言模型通常采用概率模型的形式，通过对大量真实文本数据的统计和分析，计算语言成分的出现概率。与规则型语言模型相比，统计语言模型具有更强的适应性和灵活性，能够更好地处理复杂多变的自然语言现象。

在统计语言模型中，常用的统计方法包括词频统计、共现分析、隐马尔可夫模型（HMM）等。这些统计方法能够帮助我们揭示语言中各种成分之间的关系和规律，从而建立更加准确和可靠的语言模型。例如，通过词频统计，我们可以了解不同词汇在语料库中的出现频率，从而推测它们在自然语言中的重要程度。共现分析则可以揭示词汇之间的关联性和共现模式，为语言模型的构建提供重要依据。而隐马尔可夫模型则能够模拟语言的动态变化过程，捕捉语言成分的隐含状态和转移规律。

总之，统计数学方法在自然语言处理领域的应用，不仅提高了语言模型的准确性和可靠性，还为我们揭示了语言深层次的规律和特征。随着统计数学方法的不断发展和完善，未来的自然语言处理研究将取得更加显著的进展和突破。

（二）我国自然语言处理技术发展

1. 深度学习在自然语言处理中的应用

深度学习作为机器学习领域的一项重要技术，在自然语言处理中得到了广泛应用。深度学习模型能够自动地从大规模文本数据中学习特征表示，进而实现自然语言的理解和生成。例如，深度学习模型在机器翻译、文本分类和命名实体识别等任务中取得了重要突破。

未来，深度学习在自然语言处理中的应用将更加广泛。随着硬件计算能力的增强和数据集的不断积累，深度学习模型将能够处理更大规模、更复杂的自然语言任务，同时取得更好的性能。

2. 多模态自然语言处理

多模态自然语言处理是指结合文本、图像、音频等多种模态数据进行自然语言处理的技术。传统的自然语言处理主要基于文本数据，但现实世界中，语言常常与其他模态数据密切相关，如社交媒体中的图像和文本的关联性。

未来，多模态自然语言处理技术将更加重要。通过利用多模态数据的丰富信息，我们可以进一步提升自然语言处理系统的性能和表达能力。多模态自然语言处理技术将在诸如视觉问答、图像字幕生成和文本到图像的转换等领域发挥重要作用。

3. 基于预训练模型的迁移学习

预训练模型是指在大规模无监督数据上进行训练后得到的模型，在自然语言处理中具有很高的表达能力。通过将预训练模型应用于特定的任务并进行微调，我们可以在小规模数据上取得优异的性能。

随着预训练模型的不断发展，未来的自然语言处理将更加注重迁移学习。预训练模型的迁移学习能力将极大地缩小需要标注数据的规模，从而使自然语言处理技术更加易用和高效。

4. 对话系统的智能化

对话系统是自然语言处理的重要应用领域，旨在使计算机能够与人类进行自

➢ 人工智能的发展及前景展望

然而流畅的对话。传统的对话系统主要基于规则和模板，但随着深度学习的发展，基于数据驱动的对话系统取得了重要进展。

未来，对话系统将朝着更加智能化的方向发展。深度学习技术的应用使得对话系统能够理解更复杂的语义，并且能够更好地处理上下文和语境。对话系统的智能化将包括更好地理解用户意图、更具有人类情感的回应以及更自然的交互方式等方面。

5. 面向多语言的跨文化处理

随着全球化的加剧，多语言自然语言处理成为一个重要的研究方向。现有的自然语言处理技术主要基于英语和少数常用语言，而其他语言的处理能力还比较有限。

未来，面向多语言的跨文化处理将成为自然语言处理技术的发展重点。通过研究多语言处理技术，我们可以实现不同语言之间的信息共享和跨文化交流。这将推动自然语言处理技术在全球范围内的普及和应用。

自然语言处理技术正以惊人的速度发展，在各个应用领域都取得了显著的成果。深度学习的应用、多模态自然语言处理、预训练模型的迁移学习、对话系统的智能化以及面向多语言的跨文化处理等将是自然语言处理技术未来的发展方向。随着技术的不断进步和创新，自然语言处理技术将为人们带来更多更好的应用和服务。

第二节　人工智能在图像处理领域的发展前景

一、智能图像处理的发展动力

（一）相关技术理论发展的驱动

智能图像处理技术依赖的相关技术和理论已经或者正在发生大的进步和突破，这驱动着智能图像处理技术和应用不断发展。

1. 硬件方面

一是 CPU、DSP、大规模可编程逻辑器件，CMOS 图像传感器以及面向并行处理的嵌入式微处理器（Transputer）等核心零部件的制造技术飞速发展，其性能日趋提高，价格更加亲民；二是用于海量图像集中处理和分析的 PC 从最初的 XT 系统发展到今天的多核系统，使得复杂算法可在短时间内完成，尤其是其低廉的价格使得可以通过将大量低价 PC 集群应用形成更为强大的计算能力。硬件性能的提高、功耗的降低、价格的低廉为智能图像处理技术的广泛应用提供了肥沃的土壤。

2. 软件方面

一是深度学习、遗传算法、蚁群算法、粒子群算法与人工鱼群算法等智能算法的不断改进优化和推陈出新使得智能图像处理技术能适应更多的应用场景；二是 OpenCV、Face、NiftyNet 等针对图像分析的开源 / 半开源平台为广大科研工作者和开发人员提供了通用的基础设施，大大降低了智能图像处理和分析系统搭建和研发的门槛，这也大幅促进了智能图像处理的发展。

3. 理论方面

在与智能图像处理紧密相关的光学成像领域，近几十年来国内外众多研究人员进行了辛勤不辍的研究和实践，目前已在高光谱成像、多光谱成像、偏振光谱成像、非视域光学成像理论方面取得了大量成绩，并将这些成像理论和相关的图像处理技术应用到农业、海洋、地质、医疗等众多国民行业以及无人驾驶汽车中的激光探测领域。在目前最为前沿的量子计算领域，衍生发展而来的量子成像理论也取得了一定成绩，并在实验室层面取得了一些有意义的成像效果。这些关联学科的发展既丰富了智能图像处理的技术内容，也拓宽了智能图像处理的发展道路。

（二）行业应用对新兴需求的牵引

在智能图像处理技术广泛应用于各行各业的同时，各行各业层出不穷的新兴需求也促进智能图像处理的不断发展。比较典型的有以下四个方面：

1. 智能交通

智能交通系统是电子信息技术在交通运输领域应用的前沿课题，它将信息处理、定位导航、图像分析、电子传感、自动控制、数据通信、计算机网络、人工智能、运筹管理等先进技术综合运用于交通管制体系，是未来交通的发展方向。

➢ 人工智能的发展及前景展望

智能交通要解决对行人、道路、车辆三要素的检测以及车辆防碰撞、套牌监控、违章跟踪甚至行人行为的分析等问题，而能否高效、准确地解决这些客观需求在很大程度上取决于对各种视频图像的智能化处理水平，这给智能图像处理提出了极高的要求。

2. 智慧医疗

目前的医疗数据中有超过 90% 来自医疗影像，医疗影像数据已经成为医生诊断必不可少的"证据"之一。近年来，越来越多的人工智能方法发挥着其特有的优势，改进和结合传统图像处理方法，应用到图像情况复杂的医学图像处理领域，这样可以辅助医生诊断、降低医生错诊的概率和工作强度；利用网络实现对边远地区病患者的远程诊断，能够大幅提高优秀医疗资源的覆盖面和利用率。但是，眼部、肝部等不同组织在患有不同疾病时采取不同光学成像手段所形成的医学影像具有不同的特点，这需要针对不同疾病进行个性化的图像特征提取和智能分析。

3. 现代农业

在人们对食品安全和环境保障的双重高要求下，现代农业既要向人们提供品类丰富、安全美味的各类农产品，又要尽量降低除草剂、农药等各类化学制剂的使用。面对杂草、蝗虫等农作物"敌人"的侵袭，农业科技人员在杂草自动识别、蝗虫图像监测、粮食遥感监测等方面引入智能图像处理，初步实现了高效、无害的机械除草、蝗灾防治和粮食估产等目标，但实践证明其准确率与实际要求仍有一定距离，需要对其中采用的智能算法予以进一步完善。

4. 卫星遥感

卫星遥感图像是典型的大数据，依靠人工判读已经远远不能满足各行各业的广泛需求。目前，国内外不少公司已经采用各种智能技术对海量的卫星遥感图像进行自动化的判断和分析，但是其效果经常受到云、雨、雾、霾等天气因素的影响，需要进行"云检测"和"去雾"处理，而且应用部门对卫星影像的要求已经从针对单幅图像的一次性分析变成针对多幅图像的变化趋势分析，这些不断提高的要求对智能图像处理也是一个挑战。

二、智能图像处理的发展前景

（一）总体发展特点

智能图像处理的发展有以下特点：

1. 图像设备智能化

随着 CPU、DSP、大规模可编程逻辑器件的普及，ARM 芯片等图像设备依赖的基础零部件的性价比大幅提高。新的高速信号处理器阵列、超大规模 FPGA 芯片的兴起，使得在图像设备硬件中集成实现更为强大的智能图像处理能力成为可能，由此必然带来摄像机、数码照相机智能化程度的进一步提高。

2. 图像数据视频化

在智能交通、安防监控等行业应用中，摄像头等前端设备采集的已不再是单帧或者若干帧图像，而是由海量连续、关联的图像组成的视频。视频与图像相比，一方面，其数据量更大，在采集、预处理、传输、存储和处理等各环节要求更高；另一方面，其关注点也从单幅图像中目标的识别转向一段时间中目标的行动轨迹提取和行为分析识别上，其实现难度大大提高。

3. 图像处理实时化

传统算法不断有所突破，新一波人工智能浪潮带来不少新的性能优良的图像处理算法，如深度学习（DL）、卷积神经网络（CNN）、生成对抗网络（GAN）等。基于这些算法出现更多结构新颖、资源充足、运算快速的硬件平台支撑，例如基于多 CPU、多 GPU 的并行处理结构的计算机、海量存储单元等，为图像处理实时化提供了支持。

4. 技术运用综合化

在智能交通、智能监控等大型联网式智能系统中，通常要综合运用云计算、大数据、物联网以及智能图像处理技术等多种先进技术。其中，物联网将各种视频图像采集并汇聚到云端。而云计算与大数据，一方面使得大计算量的算法训练成为可能，另一方面使得海量视频图像的实时处理成为可能，这极大提高了各类图像数据的潜在价值与应用时效性。随着智慧城市理念的兴起和实施，这种趋势将更加明显。

➢ 人工智能的发展及前景展望

5. 系统架构云端化

随着云计算、大数据、物联网等技术的综合应用，智能交通、灾害监测、航天侦察等面向一个行业、一个城市甚至一个国家的应用系统必将以"云+端"架构实现。其中，涉及海量而复杂的图像分割、图像融合、图像识别等计算任务将迁移到"云"中，而摄像头、照相机等"端"节点只需要负责图像视频的采集和预处理。"云+端"架构具备良好的扩展性和动态调整能力，能适应数据量的不断增加和业务需求的不断变化。

6. 开发模式平台化

搭建一个具有智能图像分析功能的系统，要用到大量的智能算法库和图像处理库。对于中小公司和个人开发者来说，这是一个颇费时力的工作，从而限制了智能图像处理研究的广泛开展。目前，已有 OpenCV 和 NiftyNet 等开源平台提供免费的开发平台和环境，而 Face 也面向不同级别用户提供不同等级的开发服务，其中包括云服务模式。可以预见，在未来若干年，将会有更多类似的平台出现。

7. 行业应用深度化

智能图像处理的根本价值来源于其解决实际问题的能力，其发展轨迹必然是"从应用中来，到应用中去"。目前，智能图像处理在工业、农业、军事、民用、科研等领域得到了广泛应用。一方面，智能图像处理解决了这些行业的一些急需问题；另一方面，这些行业层出不穷的新需求也反过来牵引、促进智能图像处理技术的针对性改进，最终必然形成两者深度融合的局面。

8. 军民应用融合化

从历史经验看，高新技术通常是从军事领域孕育成熟，然后在民用领域发展壮大，智能图像处理似乎也不例外。目前，以卫星遥感为典型，其军民两用的属性使卫星遥感影像的智能化处理技术在军事侦察、国土监测、海洋研究、粮食估产、航运管理等众多领域得到广泛深度的应用，并且其发展势头锐不可当。

（二）图像设备发展前景

随着 CPU、DSP 等各类计算单元成本的降低和性能的提高，各类图像设备不断推陈出新。无论是数字摄像机还是模拟摄像机，它们都以其独特的方式在我们的生活中发挥着重要的作用。这些摄像设备不仅种类繁多、形态各异,而且都采用了先进的设计和优质的芯片,以提供更为清晰、稳定的图像质量。

尽管这些摄像设备在技术上已经相当成熟,但在实际应用中,许多视频监控系统仍然只能进行简单的实时观看和录像,而无法进行更深入的内容识别、分析和主动反应,这主要是因为这些系统缺乏高级智能图像处理技术的支持。

当视频监控结合机器视觉、智能分析技术,并与云计算和大数据分析相融合时,它便拥有了新的能力——自动化观察与评估。视频监控自动化观察功能的实现离不开先进的摄像设备,这意味着摄像机不再仅仅是一个记录画面的工具,而是成为一个能够识别、分析画面内容的智能设备。通过机器视觉技术,这些摄像设备可以识别出画面中的目标对象,如人脸、车辆、物品等,并对它们进行追踪和定位。

智能分析技术的运用为视频监控带来了更多的可能性。通过深度学习算法,系统可以对识别出的目标对象进行行为分析,如是否闯红灯、是否逆行等。同时,结合大数据分析技术,系统还可以根据历史数据预测未来可能出现的情况,并提前发出预警。这种预测性分析能力使得视频监控不仅仅是一个事后追溯的工具,更成为一个能够提前预防、事中干预、事后追溯的全流程管理工具。

此外,云计算技术的应用为视频监控提供了强大的数据处理和存储能力。通过云计算平台,我们可以实现视频数据的实时传输、存储和分析,这使视频监控系统能够处理更大规模的数据,并实现更快速、更准确地分析。同时,云计算平台还具备高度的可扩展性和灵活性,可以根据实际需求进行动态调整和优化。

1. 智能摄像机

智能型摄像机(Smart IPC)的出现,让人们看到了曙光。Smart IPC 主要提供越界侦测、场景变更侦测、区域入侵侦测、音频异常侦测、虚焦侦测、移动侦测、人脸侦测、动态分析等多种报警功能,通过警戒线、区域看防等功能输出警告信号。但是,Smart IPC 无法感知和识别画面中的内容,智能化程度还很低。

具备感知和识别功能的感知型摄像机(Intelligent IPC)是一种集成了视频智能分析技术的智能摄像机,它不仅能够捕捉高清的画面,还能通过内置的算法,自动识别画面中的物体,理解其含义,并抓取最优图像。这种技术的运用,大幅提升了监控的效率和准确性。与此同时,通过云计算平台对捕获的数据进行深入

➢ 人工智能的发展及前景展望

分析，智能 IPC 还能够取代人类的思考和判断，实现自动化、智能化的监控。

科达公司作为监控领域的领军企业，敏锐地捕捉到这一市场变化。为了满足不同用户的监控要求和识别需求，科达公司精心研发了三款不同系列的智能摄像机产品：特征分析摄像机、车辆卡口摄像机、人员卡口摄像机。

特征分析摄像机以其强大的物体识别和特征分析能力而闻名。它能够迅速捕捉并识别画面中的特定物体，如人脸、车牌等，并通过云计算平台对识别结果进行深入分析，为用户提供有价值的数据支持。车辆卡口摄像机则主要面向交通监控领域。它能够对过往车辆进行高速识别和记录，实时统计车流量、车型等信息，并对违法违规车辆进行抓拍。人员卡口摄像机则主要应用于人员出入管理场所，如写字楼、商场、学校等。它能够对出入人员进行智能识别，实时记录人员出入信息，有效防止非法入侵和安全事故的发生。

2. 智能化自动跟踪摄像机

在现代科技日新月异的时代，监控领域的智能技术也取得了令人瞩目的进步。其中，一种名为"自动跟踪全景高速球形摄像机"的产品，凭借其独特的设计和卓越的性能，充分展示了智能监控技术的先进水平。

这款摄像机巧妙地融合了仿生学原理，将超广角摄像头和高倍数变焦球型云台相结合，从而模拟了鹰眼的视觉系统。这种独特的设计使摄像机能够实现全景监控，并且能够细致观察现场的各个角落。

除了具备球型云台摄像机的全部功能，这款摄像机还采用了嵌入式系统设计，并整合了智能检测和跟踪算法。这使得摄像机能够自动追踪在广阔范围内或者指定区域内的目标，直到目标离开视野或者新目标出现。这种智能追踪功能极大地提高了监控的效率和准确性，减少了人工干预的需要，同时也降低了监控人员的工作强度。

3. 具有图像增强功能的红外摄像机

智能红外摄像机是一款极低照度全彩色实时摄像机。由于采用了超灵敏度图像传感器和电子倍增和噪点控制技术，能够极大地提高照度，在一般星光级照度情况下具有全彩色实时图像，所以没有普通低照度的拖尾现象。而当应用环境非常暗甚至没有光线时，智能红外摄像机会启动红外灯。智能红外摄像机的红外灯采用一盏单晶点阵红外灯,具有热量小、亮度高、效率高、寿命长等特点,并能有效解决散热问题,其照射最远距离为 70 米。该摄像机采用不同的透镜可以改变不同的照射角度和距离,不同的照射角度配合不同的镜头使用。

(三)图像处理硬件系统发展前景

图像处理通常涉及较大计算量,而智能图像处理因为使用到深度学习、神经网络等新型算法更是需要海量、复杂的计算。目前许多智能算法离实际应用还有很大差距,其主要原因之一就是运算量太大,而当前的计算机硬件系统性能难以支撑。随着智能算法的推陈出新以及各种应用场景的迫切需求,支持图像处理中大规模并行计算的芯片和硬件系统也将逐步向着智能化方向发展。

1. 现状:三强争霸

目前,智能图像处理的芯片市场处于三强争霸态势,其中主流产品包括 CPU、GPU 和现场可编程门列阵(FPGA)三大类。

(1) CPU

CPU 基于经典的冯·诺依曼架构,主要针对算术运算,其计算与存储功能分离,主要应用于非嵌入式环境下基于云平台的大规模图像处理系统的搭建,主要代表厂商是英特尔和 ARM。CPU 在架构设计之初就不是针对神经网络计算,因此其在处理深度学习问题时效率很低,尤其是在当前功耗限制下无法通过提升 CPU 主频来加快指令执行速度,这更制约了 CPU 在智能图像处理领域(嵌入式环境下)的应用和推广。

(2) GPU

GPU 在设计之初便是面向类型高度统一、相互无依赖的大规模数据和不需要被打断的计算环境,且具有低延迟、大吞吐量特点,非常适合大规模图像处理计算,其主要代表厂商是英伟达(Nvidia)。在过去的几年,尤其是 2015 年以来,人工智能的大爆发很大程度上就得益于英伟达公司各类 GPU 性价比的不断提高及其带来的广泛应用。目前,英伟达的 GPU 芯片占据了大部分通用计算市场,其 Tegra 系列智能芯片更是已经应用到特斯拉的智能驾驶汽车中。

(3) 可编程门列阵(FPGA)

FPGA 运用硬件语言描述电路,根据所需要的逻辑功能对电路进行快速烧录,

> 人工智能的发展及前景展望

拥有与 GPU 相当的超强计算能力，且具有可编程和低成本两个优势，这使得基于 FPGA 的软件与终端应用公司能够提供与其竞争对手不同且更具成本优势的解决方案，其主流厂商包括硅谷的 Xilinx 与 Altera，其中 Altera 已于 2015 年被英特尔斥巨资收购。但是，FPGA 也面临着因为 OpenCL 编程平台应用不广泛、硬件编程实现困难等导致的生态圈不完善、推广阻力大等不利因素。

2. 未来：智能主导

智能图像处理越来越多地应用到深度学习，而深度学习实际上是一类多层大规模人工神经网络。面对模仿人类大脑的深度学习，传统的处理器（包括 x86 和 ARM 芯片以及 GPU 等）存在以下不足：

第一，深度学习的基本操作是神经元和突触的处理，而传统的处理器指令集（包括 x86 和 ARM 等）是为了进行通用计算发展起来的，其基本操作为算术操作（加减乘除）和逻辑操作（与或非），深度学习的处理效率不高。

第二，神经网络中存储和处理是一体化的，都是通过突触权重来体现。而在冯·诺依曼结构中，存储和处理是分离的，分别由存储器和运算器来实现，两者之间存在巨大的差异。当用现有的基于冯·诺依曼结构的经典计算机（如 x86 处理器和英伟达 GPU）来实现神经网络应用时，就不可避免地受到存储和处理分离式结构的制约，因而影响效率。

为了克服以上不足，全球众多芯片厂商和科研机构针对神经网络处理特点开始了关于神经网络处理器（NPU）的探索和实践，近几年已取得了不少成果。虽然这些神经网络处理器的公开报道因为商业原因可能有一定的宣传成分，但神经网络处理器的发展大趋势已经非常清晰。可以预见，在不远的未来，神经网络处理器将在智能图像处理领域发挥主导作用。

（四）图像处理技术发展前景

1. 图像识别技术发展前景

（1）图像识别的初级阶段——娱乐化、工具化

在这个阶段，用户主要是借助图像识别技术来满足某些娱乐化需求。例如，百度魔图的"大咖配"功能可以帮助用户找到与其长相最匹配的明星，百度的图片搜索可以找到相似的图片。

这个阶段还有一个非常重要的细分领域，即光学字符识别（OCR）。OCR技术主要利用光学设备对纸张上的文字进行扫描，通过捕捉文字的暗色和亮色模式来检测其形状。通过先进的字符识别方法，这些扫描得到的字符可以转化为计算机可识别的文字。这一转化过程不仅保留了原始文档的信息，还使这些信息更加便于编辑、存储和传输。

在国内，百度读书笔记和百度翻译等服务就是OCR技术的典型应用。这些服务不仅提供了便捷的文本识别功能，还为用户提供了丰富的文本编辑和翻译选项。用户只需要通过简单的操作，即可将图片中的文字转化为可编辑的电子文档，或者将一种语言文字快速翻译成另一种语言。在国际上，谷歌公司在OCR领域也取得了显著的成果，成功识别了Google街景图库中的数百万个门牌号。这一成果的准确率高达90%，充分展示了OCR技术在实践中的应用价值和广阔前景。

在这个阶段，图像识别技术作为辅助工具，极大地增强了人类的视觉功能。在过去，当我们遇到陌生或未知的物体时，可能需要花费大量时间去查询、研究。然而，现在只需要简单地拍照并上传至搜索引擎，图像识别技术便能迅速为我们提供关于该物体的详细信息。

此外，图像识别技术在社交领域也发挥着重要作用。在社交网络上，我们可以通过浏览他人的照片来了解他们的生活、兴趣等信息。而图像识别技术则可以帮助我们更加准确地识别出照片中的人物、物品等，从而为我们提供更加精准的推荐和匹配。人脸识别技术作为图像识别领域的重要分支，已经在身份验证领域发挥了巨大作用。通过人脸识别技术，我们可以快速、准确地验证一个人的身份，大大提高了安全性和效率。在金融、安防等领域，人脸识别技术已经得到广泛应用，为我们的生活带来了极大的便利。

（2）图像识别的高级阶段——拥有视觉的机器

具备视觉感知能力的机器，不仅能够智能地处理图像信息，还能为人类提供更多样的支持。想象一下，一旦机器具备了视觉能力，它们将能够像人一样感知和理解世界，为我们提供更全面、更便捷的服务。在未来的发展中，这些机器很可能会取代人类来执行一些烦琐、重复的任务，如图像识别、物体分类等。这样一来，我们就可以将更多的精力投入更加有意义、更加创新的领域中去。

在当前的阶段，图像识别技术已经取得了令人瞩目的成果。它就像是盲人的

▶ 人工智能的发展及前景展望

导盲犬，通过识别和分析图像信息，帮助他们找到方向、避开障碍。然而，这只是冰山一角。随着技术的不断进步，未来的图像识别技术将更加智能化、全面化。它将不再局限于简单的图像识别，而是能够与其他人工智能技术相结合，成为盲人的全面助手。在这个助手的帮助下，盲人将能够像健全人一样自由地行走在大街小巷，享受生活的美好。

为了更好地理解图像识别技术的潜力，我们可以将其与谷歌眼镜进行类比。谷歌眼镜就像是一个拥有视觉感知能力的智能助手，它能够实时分析外部信息并将结果传达给用户。通过谷歌眼镜，我们可以更加便捷地获取信息、与他人交流、完成各种任务。而图像识别技术就像是谷歌眼镜的"眼睛"，为它提供了感知世界的能力。

将图像识别技术应用于机器视觉和人工智能领域，就像是谷歌开发的自动驾驶汽车一样。这些汽车不仅能够获取和分析周围的信息，还能完全独立地执行行驶任务。它们可以在繁忙的交通中自由穿梭，避免各种潜在的危险。这样一来，人们就不再需要亲自操控车辆，实现真正的解放。

在某些特定的应用场景中，机器视觉的能力已经超越了人类的生理视觉，其精确度、客观性和稳定性都是人类视觉所无法比拟的。人类的视觉能力，尽管在我们日常生活中似乎强大而无所不在，但实际上却受到诸多固有限制的束缚。我们常常误以为我们的眼睛可以轻松、迅速地观察并捕捉到世界的每一个细节，而实际上，这仅仅是一种错觉。

人类的视觉感知主要集中在视线中央的部分，这部分的视野能够捕捉到清晰、色彩丰富的细节。然而，当我们把视线转向视野的外围区域时，色彩和清晰度就会逐渐减弱，这种现象被我们称为"变化盲视"。这就意味着，在面对各种复杂的情境时，我们可能会选择性地关注其中的某些部分，而对其他情况则可能视而不见。这种情况在机器视觉中却完全不同。机器视觉系统具有强大的捕捉和记录能力，可以准确无误地记录视野范围内的所有事物，无论是中央还是边缘部分，都能保持高度的清晰度和色彩准确性。这种能力使得机器视觉在许多领域，如医疗、安全监控、自动驾驶等，都具有重要的应用价值。

因此，虽然人类的视觉能力在日常生活中看似强大，但在某些特定的应用场景中，机器视觉却能够以其更高的精确度、客观性和稳定性，超越人类的生理视觉，发挥出更大的应用价值。这也预示着，随着科技的不断发展，机器视觉将在更多的领域中得到应用，为人类的生活带来更多的便利和可能性。

2.智能图像分析技术发展前景

基于视频的智能图像分析技术在以下三个方面存在难点：

第一，智能分析的准确率。视频分析技术的准确率达不到非常理想的效果，例如在实时报警类的应用中，误报率和漏报率都是客户最关心的问题。

第二，智能分析对环境的适应性。智能图像分析作为现代计算机视觉领域的重要分支，其在各种实际应用场景中发挥着举足轻重的作用。然而，光照条件的变化对于智能图像分析的性能往往产生显著影响，这是因为光照的改变可能导致目标与背景的色彩发生变异，从而导致误检或增加跟踪的难度。因此，解决光照变化带来的问题，对于提升智能图像分析技术的准确性至关重要。

第三，智能分析在不同场景使用的复杂性。高度复杂的智能分析应用产品在安装和调试过程中，往往需要根据具体的使用场景进行细致的参数优化。我们需要明确什么是智能分析应用产品。这些产品通常集成了大数据分析、机器学习、人工智能等先进技术，能够对海量的数据进行深度挖掘和分析，为企业提供有价值的信息和预测。然而，正因为其功能的强大和技术的复杂性，使得安装和调试这些产品成为一项技术挑战。

在具体的使用场景中，参数的优化是至关重要的。这些参数可能涉及数据处理的速度、分析的精度、预测的准确性等多个方面。参数的调整需要专业的知识和技能，需要对产品的内部结构和工作原理有深入的了解。非专业人员可能无法准确地理解这些参数的含义和作用，更无法根据具体场景进行合适的调整。

随着经济环境、政治环境、社会环境的发展，城市建设日趋复杂，高楼林立道路交错，各行业对安防的需求不断增加，同时对于安防技术的应用性、灵活性、人性化也提出了更高的要求，传统安防技术的局限性日益凸显。在这样的大背景下，智能图像分析技术发展呈现出以下三种趋势：

（1）前端智能不断发展

各种智能型摄像机和感知型摄像机不断涌现，包括专注几种智能分析算法的专用IPC。

推广感知型摄像机在城市发展过程中的作用不容小觑。随着城市化的不断推进，视频监控系统的应用越来越广泛，而感知型摄像机则是这些系统中不可或缺的一部分。感知型摄像机通过融合机器视觉和智能分析技术，赋予了视频监控系统更高的智能化水平，使其能够更加精准地识别监控画面中的情境，为城市的智慧化建设提供了强有力的支持。

感知型摄像机通过内置的各种传感器和算法，能够实现对监控区域内的人、车、物等目标的自动识别和跟踪。这些传感器可以感知光线、温度、湿度等多种环境参数，以及目标的速度、方向、大小等运动信息。感知型摄像机能够与云计算和大数据分析相结合，实现智能化的决策和行动。通过将感知到的数据传输到云端，利用大数据分析和人工智能技术，感知型摄像机可以实现对城市环境的智能化分析和预测。例如，通过对交通流量的实时监测和分析，感知型摄像机可以预测未来一段时间内的交通拥堵情况，从而提前采取相应的交通管理措施。这种智能化的决策和行动，不仅可以提高城市管理的效率和精度，还可以有效地改善城市居民的生活质量。

随着城市规模的不断扩大和智能化水平的提高，城市产生的数据量也在呈指数级增长。感知型摄像机作为城市感知的重要设备之一，能够产生大量的实时数据，这些数据可以与其他城市数据源相互融合，形成更为全面和准确的数据资源。通过对这些数据的分析和挖掘，可以为城市规划和决策提供更为科学和可靠的数据支持。

（2）算法准确率和环境适应性不断提高

随着图像检测、跟踪、识别等技术的发展，特别是机器学习、人工智能等技术的不断进步，图像智能分析算法的准确率和环境适应性不断提高，促进了智能分析应用的大规模部署。深度学习通过构建深度神经网络模型，能够模拟人脑的学习过程，从而实现对复杂环境的自动学习和适应。在视频处理领域，深度学习技术的应用尤为突出。通过对大量视频数据的学习，深度学习模型能够准确地识别出视频中的关键信息，同时自动过滤一些干扰目标。这种自动过滤的能力不仅提高了视频处理的准确率，还大大降低了调试的复杂度。传统的视频处理方法往往需要人工进行大量的参数调整和优化，而深度学习则能够自动调整模型参数，实现自适应的学习和优化。这大大减轻了开发者的负担，提高了工作效率。

（3）智能分析与云计算、大数据的融合应用将越来越多

大数据与视频监控具有天然的联系，视频就是大数据。视频数据作为一种特殊的数据类型，与其他结构化数据有着本质的区别。视频数据属于非结构化数据，其复杂性和动态性使直接处理和分析变得异常困难。因此，在安防领域中，如何有效地利用大数据技术处理视频数据，成为亟待解决的问题。

我们需要明确的是，视频数据的特点决定了其难以被直接处理或分析。视频数据包含了大量的动态图像和音频信息，这些信息在时间和空间上都是高度相关的，而且往往伴随着大量的噪声和干扰。因此，我们需要借助智能分析技术，将视频数据转换为计算机可以识别和处理的结构化信息。

智能分析技术的核心在于，其可以通过算法和模型，将视频中的各种内容（目标运动、特征等）提取出来，转换成文字形式并与视频帧相关联。这样一来，计算机就可以更快速地搜索、匹配和分析这些视频信息。例如，在监控视频中，我们可以通过智能分析技术，识别出目标人物的行为特征、运动轨迹等，从而实现对目标的精准追踪和识别。

三、智能图像处理应用发展前景

随着技术成熟度的不断提高，智能图像处理的应用愈来愈渗透到人们生活的各个角落，一方面在智能交通、安防监控等人们熟知领域的应用更加深入；另一方面在工业制造、农业生产、军事航天等重要行业的应用也越来越广泛，其已在诸多领域创造出新的生活和工业模式。反过来，这些需求各异的行业应用也吸引了更多公司与科研机构投入其中，从而促进了智能图像处理技术的进一步发展。

（一）智能安防行业

1. 看得更清

随着科技的飞速发展，人们对于高清画质的追求也日益增长。为了满足这一需求，智能安防行业不断推陈出新，推出了最新一代的智能摄像机。这些摄像机不仅具备高分辨率，还融入了智能画面捕捉技术，使得在恶劣的光线条件下，也能实现高清监控。其中，一款"星光级摄像机"的设备备受瞩目。这款摄像机采用了先进的图像处理技术，能够在没有足够光线或弱光条件下拍摄出清晰的画面。

➤ 人工智能的发展及前景展望

相较于传统的摄像机，它无须额外的补光设备，就能在黑夜或光线不足的场所展现出丰富的细节和色彩。同时，该摄像机的噪点控制也非常出色，即使在低光环境下，它也能保持画面的纯净度，为用户带来更加真实的监控体验。

除了应对光线不足的问题，智能安防行业还研发出了能够透视雾气的摄像机。雾霾天气对监控画面造成了很大的干扰，使得监控效果大打折扣。而这款透视雾气摄像机，则能在雾霾天气下穿透雾气，捕捉到清晰的画面。这一技术的运用，不仅提高了监控的实时性和准确性，也为我们应对恶劣气候提供了新的解决方案。

2. 看得更准

利用个体独特的面部特征进行身份验证的人脸识别技术，因其高度的安全性和便捷性，受到了广泛关注和应用。人脸识别技术，顾名思义，是通过分析个体面部特征来进行身份识别的一种技术。它基于大量的面部数据构建出高效的算法模型，能够在短时间内对输入的面部图像进行特征提取和比对，从而实现快速准确的身份验证。这种技术不仅大大提高了身份验证的效率和准确性，还有效避免了传统身份验证方式中可能存在的代打卡、指纹模仿等安全隐患。

在门禁管理领域，人脸识别技术正逐渐替代传统的刷卡和密码验证方式。通过安装人脸识别门禁系统，公司可以实现对员工出入的自动化管理，无须前台人员手动开门或员工刷卡。这不仅提高了门禁管理的效率，还有效降低了因忘记带卡或密码丢失而导致的安全隐患。同时，人脸识别门禁系统还可以与公司内部的考勤系统相结合，实现自动化的考勤记录。

在高端场合，最顶尖的智能迎宾系统采用了先进的动态人脸识别技术，能够在活动现场实现嘉宾的自动登记和识别。这种系统通过捕捉嘉宾的面部特征，与预先录入的嘉宾名单进行比对，能快速完成身份验证。此外，智能迎宾系统还可以根据嘉宾的身份和喜好，为其提供个性化的服务和推荐，从而提升嘉宾的参与度和满意度。

在零售领域，商店门口安装的人脸识别系统可以作为一种 VIP 识别系统，为 VIP 顾客提供更加个性化的购物体验。例如，当 VIP 顾客进入商店时，系统可以自动识别其身份，并为其推送定制的优惠信息和个性化推荐。这不仅提高了顾客的购物体验，还有助于商店提升销售额和客户满意度。

除了以上应用场景，人脸识别技术还可以广泛应用于金融、医疗、教育等领域。随着技术的不断发展和应用场景的不断拓展，人脸识别技术将在未来发挥更加重要的作用，为我们的生活带来更多便利和惊喜。

（二）智能交通领域

在智能交通领域，智能图像处理已不同程度地应用于无人驾驶、智能防碰撞等多个应用场景，其性能不断提高，作用不断凸显。

1. 无人驾驶

无人驾驶的基础是感知。无人驾驶没有对车辆周围三维环境的定量感知，就犹如人没有了眼睛，其决策系统就无法正常工作，而感知离不开智能图像识别的重要支撑。通过智能图像识别与计算机视觉等技术，无人驾驶系统可以识别在行驶途中遇到的物体，如行人、空旷的行驶空间、地上的标志、红绿灯以及旁边的车辆等。

谷歌、特斯拉、百度等公司已经推出了能够上路驾驶或者测试的无人汽车，其中百度在国内公司中走在前列。百度无人驾驶汽车的关键技术在于整合高精度地图、定位、感知、智能决策与控制等四个要素，从而构建出"百度汽车大脑"。百度通过采集大量的道路数据，建立起详尽且准确的高精度地图。这些地图不仅包含道路的几何信息，还涵盖交通信号、行人过街道、路面情况等详细信息。百度采用了先进的定位技术，如GPS、惯性测量单元（IMU）等，来确保无人驾驶汽车的精确定位。这些技术可以实时获取车辆的位置、速度和方向等信息，使车辆能够在复杂多变的交通环境中保持准确的导航。百度无人驾驶汽车利用先进的交通场景物体识别技术和环境感知技术，可以精准地发现、识别、跟踪周围的车辆、行人、非机动车等障碍物，并估算它们的距离和速度。在获取了丰富的环境信息后，无人驾驶汽车需要通过智能决策系统来作出正确的驾驶决策。百度无人驾驶汽车的智能决策系统基于深度学习、强化学习等人工智能技术，可以实时分析交通环境，预测其他交通参与者的行为，并作出最优的驾驶决策。

2. 智能防碰撞

随着我国汽车产业的迅猛发展，汽车从奢侈品已变成较普通的商品进入了普通百姓的家中。当汽车在给人们带来方便快捷的同时，长时间驾驶导致的疲劳，以及开车打电话、刷微信、传视频等系列不良驾驶习惯而导致的车祸也正一步步向人们逼近。与此同时，车辆安全性科技配置已经不再仅仅依赖几个气囊、ESP等常见配置，汽车自动防碰撞系统越来越受到汽车厂商和驾驶人员的关注和重视。

汽车自动防碰撞系统是防止汽车发生碰撞的一种智能装置，它综合应用包括智能图像识别在内的多种技术，对车载各类摄像头采集到的图像数据进行实时、智能的分析，能够自动发现可能与汽车发生碰撞的车辆、行人或其他障碍物体，向驾驶员发出车道偏移预警、侧后方盲区预警等警报或同时采取制动或规避等措施，从而避免碰撞的发生。

目前，包括特斯拉、克莱斯勒和一汽、东风在内的国内外厂商推出了各自的防碰撞系统或者功能，如特斯拉研发的 Autopilot 自动辅助驾驶功能，可以实现半自动驾驶辅助驾驶者规避误操作或者因不良驾驶习惯导致的碰撞风险；而东风日产天籁搭配的 NISSAN i-SAFETY 智能防碰撞安全系统整合了前方碰撞紧急制动系统、防误踏油门系统、车道偏离预警系统、侧方盲区预警系统、全景影像系统以及移动物体检测系统，提高了行车的安全性。

（三）身份识别

目前，基于生物特征的身份识别技术主要包括声音识别、人脸识别、虹膜识别等，而眼纹识别、步态识别等新技术也日臻成熟，并逐渐应用到网络金融、安检进站、人群中抓罪犯等场景中，其中面部识别、虹膜识别、眼纹识别、步态识别均应用了智能图像处理技术。

1. 面部识别

面部识别又称人脸识别、面相识别、面容识别等，面部识别使用通用的摄像机作为识别信息获取装置。以非接触的方式获取识别对象的面部图像，计算机系统在获取图像后与数据库图像进行比对后完成识别过程。

2. 眼纹识别

眼纹识别是利用眼白的可见静脉图案进行身份识别，因为没有任何两个人的脉管系统完全相同，即便是长相极其相似的同卵双生兄弟或者同卵四胞胎的眼纹特征也是不同的，所以可以被用作识别个人身份的生物特征。据介绍，在充足的可见光下，用户自然看着手机的前置摄像头就可以进行眼纹识别，而不用像虹膜识别那样需要特殊的摄像头。不过这项技术还没有解决眼球反光、眨眼、眼睫毛等干扰因素，现在还属于实验室产品阶段。

3. 步态识别

步态识别是指通过分析人体运动的规律和特征，对人的步态进行识别，从而提供更加智能化的人机交互体验和服务。在当前科技快速发展的时代，步态识别已经逐渐成了人工智能、机器人、智能家居等领域中的重要工具，为人们的生活和工作带来了无限便利和可能性。

步态识别技术的核心是对人体运动的分析和识别。基本原理是：当人们走路时，身体会产生不同的运动特征，包括身体的加速度、步长、步频、膝盖的角度和脚步之间的关系等。这些特征被电子设备捕捉并记录，形成数据集合，再通过机器学习的算法进行分类和建模，最终得出针对不同人的步态识别模型。

目前，步态识别主要有三种方法：传感器法、图像处理法和深度学习法。传感器法是将多种传感器（加速度计、陀螺仪等）安装在鞋子、腰带等身体部位，获取人体的动作数据。图像处理法是通过摄像机或深度相机来捕捉人体运动图像，再通过图像处理算法提取特征信息。深度学习法则是通过大量的数据集训练模型，自动提取特征并进行分类。

（四）工业生产领域

随着机器视觉技术与人工智能、智能图像识别等技术的深度结合和各自发展，机器视觉技术在对机器零部件的识别、定位方面能力越来越高，已经广泛应用于食品生产、精密机械制造等不同行业，能大幅提高工业生产线的装配效率和检测一致性，从而进一步促进工业生产过程的自动化和智能化。

1. 食品加工

随着人口红利逐渐消失，劳动力短缺，食品加工企业招工越来越难，用人成本增加。同时，由于食品行业的特殊性，要严格保障食品的安全，人工挑选不仅效率低，而且容易产生二次污染，影响产品品质。在食品加工行业，进行技术革新，用机器替代人工，是未来的发展趋势。例如，企业利用3D机器视觉系统对无序来料进行位置定位、品相识别和分类；指导机械手进行抓取、搬运、旋转、摆放等操作；综合运用人工智能算法和图像识别技术进行食品和农产品的智能分拣等。这些技术的运用不仅识别准确率高，而且能够极大地提升生产效率。

➤ 人工智能的发展及前景展望

2. 焊缝跟踪

目前，焊接机器人在汽车、机床、核电等制造行业的应用越来越广泛，但在工件装配精度、坡口状况、接头形式等焊接条件的影响下，焊枪偏离焊接位置从而降低焊接质量和生产效率的情况屡见不鲜。焊缝跟踪系统通过应用包括摄像头等各种传感器技术，采集焊接过程中产生的电、光、热、力、磁等物理信号，可以大大提高焊接质量和焊接过程的自动化程度。相比基于电磁学、超声技术的焊缝跟踪传感器，基于视觉的传感器不与工件接触，直接获取焊接区域的三维图像信息并对图像进行实时的综合处理，具有再现性好、实时响应性高、使用寿命长等特点。

3. 机器码垛

在工业生产中，普遍用于自动化生产中的码垛机器人实质上是一种普通的工业搬运机器人，主要负责执行装载和卸载的任务，并且一般都采用预先设定好抓起点和摆放点的示教方法。这种工作方式无法对生产线的情况进行分析判断，例如，其不能区分工件大小、不能判断工件是否合格、不能对工件进行分拣，而只是被动地搬运，适应性极差。将机器视觉与码垛机器人结合起来，使之具有人眼识别功能，对于保证产品质量、降低劳动成本、优化作业布局、提高生产效率、增加经济效益、实现生产的自动化等方面具有十分重要的意义。

第三节　人工智能与 5G 通信技术的融合发展前景

一、5G 通信技术的概念

根据 2G、3G、4G 的概念可知，5G 通信技术为第五代通信技术，是对前一代技术的优化与延伸，是技术水平的进一步提升。5G 可以满足更多场景的应用需求，拥有大带宽的独到优势。也就是说，在 5G 运行下，用户每秒可以下载的内容从 10~100MB 升级到 10~20GB，不仅延迟变低，设备连接能力、频谱效率、广域覆盖能力等方面也有明显的提升。所以，5G 的出现极大地改变了人们的生活与工作方式，满足了无人驾驶、远程医疗、物联网连接等领域的应用需求。

二、人工智能融合与 5G 通信技术的优势

5G 通信技术可以和 AI 相互融合，通过融合促进两项技术水平的提升，使 AI 设备升级，优化用户服务体验。在 5G 的基础上，采用 AI 技术，可以进一步提升智能化水平。充分发挥 5G 低延时、大带宽的优势，为 AI 获取信息数据提供更加便捷的途径。在 AI 领域中应用 5G 技术，可以提升 AI 性能。

在 5G+AI 的基础上，可以与更多领域结合，为各大产业重新定义赋能。在智能社会背景下，万物感知是主要特点之一。要将物理世界投影到数字世界之中，物理信号需要转变为数字信号。将万物感知作为基础，也就是采用视频感知的方式，围绕安防实现万物感知。华为公司目前致力于 5G+AI+ 视频模式的研究（图 5-3-1），发展智能安防，实现万物互联、万物智能。利用 5G 技术的特点，将安防从陆域扩展到海陆空三个领域，采用 D2D Mesh 技术，使通信更加自由，实现亚米级定位，精度误差控制在 1 米以下，精度远高于当前广泛使用的民用 GPS。

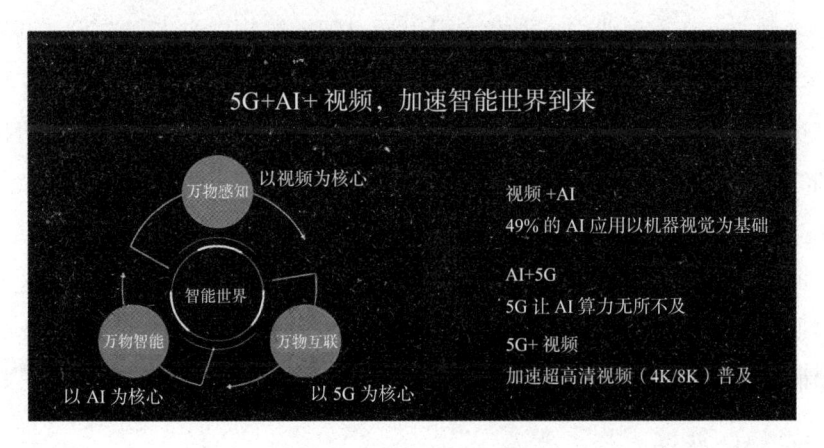

图 5-3-1　5G+AI+ 视频模式

三、人工智能融合与 5G 通信技术的现状及前景

（一）融合现状

从目前的情况看，5G+AI 技术的研究与应用在不断深入，体现在各个行业与领域之中。

> 人工智能的发展及前景展望

1. 5G+AI+车位

构建 5G+AI+车位的技术模式，可以为居民停车提供更多便利。在车辆数量不断增多的情况下，城市停车压力增加，不论是日常出行，还是工作通勤，人们通常要在停车中花费大量时间。为了使停车更加便捷，企业不仅应开发智能停车的模式，还应引入 5G 技术，实现智能预约、收费与排队等，降低寻找车位、离场缴费等操作难度。智能停车场在车位分配的过程中，可以通过 5G 对汽车进行筛选，确定车辆是否符合停车规范，3 秒内完成识别并制动升降闸门，车内屏幕或手机等终端设备上会显示停车场的示意图，并且指引车辆抵达空车位，同时具备智能地锁功能，既能节省停车时间，也能保护车辆与用户安全，为用户带来更好的体验。

2. 5G+AI+商业

在商业领域中，5G+AI 的技术模式可以提升用户的购物体验，使商品销售更加便捷。例如，在零售业中，消费者可以通过智能购物中心进行选购，商家使用 5G 技术获取信息数据，深度分析消费者偏好、购买能力、购买目标等，然后为消费者推送恰当的产品，提供精准化、个性化的导购服务，确保消费者可以快速地找到心仪的商品。

从工厂的角度分析，技术融合可以实现智能化工业生产，使工厂可以低成本、高效率地运行。运用 5G 网络，可以减少运维与建设成本，实现 AGV 无人小车的零差错调度运输，通过 AI 对 AGV 运动路径进行计算，然后通过 5G 网络发送指令，降低 AGV 停摆概率，大幅度提升系统作业效率。

3. 5G+AI+旅游

在旅游业中，也可以采用 5G+AI 技术。传统的旅游服务模式下，游客只能在抵达景区后才能观看和了解景区文化。在 5G+AI 技术应用下，景区可以为游客构建动态化景象，便于游客了解景区实际情况。智能旅游可以突破时空限制，为文化传播提供更多便利条件。结合 AR、AI 技术，多样化展示博物馆文物，使用手持终端结合数字内容，充分展现博物馆文物展品蕴含的文化内涵，增加游客的体验感，使文化可以深层次传播。通过技术融合，实现 VR 景区、VR 旅游直播等项目的建设，促进智慧景区、智慧动物园等项目的发展。结合 VR 眼镜，可以给游客带来强烈的视觉冲击，使其产生身临其境的感受，实现"游客不出门，赏遍天下景"的效果。

（二）发展前景

从当前的发展趋势看，5G+AI 模式的应用愈加广泛，技术融合手段也在不断完善。在 5G 技术深化应用的背景下，机器人产业也进一步发展，应用场景等级提升。例如，可以进行远程控制的医疗机器人、自动驾驶机器人、地质环境探测机器人等等。5G 带来的高效网络为机器人发展提供了动力，提升了 AI 算力，为机器人智能化、自动化的发展提供了更多驱动力。从现状来看，未来机器人产业将成为 5G+AI 的主要发展方向，通过机器人的应用，使更多行业、领域有全新的发展方向。人工智能提升了机器人的应用体验感，实现机器人语音、触屏等控制操作模式的应用，更进一步完善了人机交互手段。未来 AI 算力会不断提升，与 5G 的融合也会更加深入，逐步向更便捷、智能、快速、精准、全面的方向发展。

综上所述，在 5G 技术出现后，各个行业和领域发生了巨大变化。为实现技术上的突破与创新，可以促进 5G 和 AI 技术的相互融合。从目前的情况看，5G+AI 模式已经在商业、物流、旅游等行业领域中应用。未来这两项技术融合深度会不断加大，机器人的智能化水平会随之提升，为各行业的发展提供更多技术支持。

第四节　人工智能在社会设计领域的发展前景

在万物数据化、智能化的今天，人工智能的发展逐步渗入到设计产业中，不仅丰富了设计创作的工具和流程，更是对传统的设计方法、设计思维和评价标准进行了全方位的语义升维。基于量化数据的计算设计呈现出系统化、个性化及实时性等特征，由算法与大数据所衍生出的新思维模式将以往不确定的问题转化为直观的数据问题，能够与社会设计形成良好的互补关系。

➤ 人工智能的发展及前景展望

一、设计从商业转向社会任务

（一）设计的时代使命

随着时代的演进，人们开始逐渐认识到设计所承载的更深层次的价值。在 20 世纪 60 年代，万斯·帕卡德在他的著作《废物制造者》中指出废除制度的必要性，他深入剖析了消费主义如何逐渐塑造了以市场为导向的设计范式。这一观点在后来的思想家如鲍德里亚的《消费社会》中得到了进一步的阐述和批判。鲍德里亚批判了消费主义文化的过度膨胀，他认为消费不仅是满足物质需求的行为，更是一种符号和象征。在这种文化背景下，设计往往被看作制造消费欲望的工具，而非解决社会问题的手段。然而，随着全球经济的快速发展和新冠疫情的冲击，人们开始重新审视设计的角色和价值。

设计已经不再是商业盈利的工具，而是成为一种具有社会责任感和使命感的力量。设计师们开始利用自己的专业知识和创造力，为弱势群体发声，为环境保护贡献力量，为可持续发展寻找解决方案。设计已经在日常生活中发挥了巨大的作用。从改善用户体验的产品设计，到提升城市品质的建筑设计，再到推动社会进步的公益项目，设计都在不断地为人们创造更美好的生活。通过设计，我们可以有效地解决社会问题，推动社会进步，实现可持续发展。

如今社会设计不仅仅是一个设计的门类或学科，而更像是一种变化、倡导和趋势，是设计师对自身社会责任感的表达和态度。比如 2019 年"摩拜"单车与德国 YUUE 设计工作室合作设计的包括躺椅、立式灯和茶几在内的几款家具用品。设计师通过回收破损的共享单车，将其零件进行再设计和重组以赋予它们新的生命，尽可能地延长其使用寿命，避免材料浪费。

（二）社会设计要素

1. 具体的在地性

20 世纪 80 年代，新一轮的经济发展高峰来临，城市中出现了大量的商业和娱乐场所。社会设计以承载了具体感性属性的地方为基础，就如同品牌设计中的企业形象，它把每个场所都视为独一无二的具体来进行思考，充分利用建筑、环境与人之间真实的关联性。在地性知识是当地人根据其地区独有的特征和差异，经过长期的实践和经验的积累、深化所形成的在一定区域内最典型的文化和知识体系，只有这种拥有真实记忆和经验的情境，才具备稳定性和持续性，能够为人们提供有机社会的庇护，通过场所精神来构建连续的、关怀的、宜人的体验环境，改造当下大量的"非地方"，而在地性符号也拥有更强烈的用户本能认同。"土楼公舍"是 URBANUS 都市实践事务所在广东的一个集体住宅项目，旨在探寻城市用地紧张及住房成本增加等问题的解决方案。设计师充分参考了当地的客家民居形式，将具体的地方性问题转化为特定的需求，与现代宿舍和廉租住宅的形式巧妙结合，创造出了集居住、储藏、商贩和公共娱乐等功能于一身的新型社区模式，在赋予闲置土地功能性和实用性的同时保留了社区中的邻里感，为现代建筑形式注入了人文关怀。

2. 多元化精准传达

社会设计以大众化的广泛人群为考量，但并不是现代主义式的去个性化和纯功能主义，恰恰相反，社会设计希望通过广泛且有效的沟通来做到尽可能地因人而异、因地制宜，这在某种程度上类似于通用化和包容性设计。设计的本质是通过媒介来促进人与人之间的沟通，而非设计师的自我表达。社会设计在传达过程中进一步淡化了媒介的存在感，以本地与实际为基础，通过多元化的沟通方式去激发社会交互，在现实环境中创造尽可能多的交互空间与条件，促进、激励人们去参与并融入改变世界的进程中。

3. 叙事

在信息传达中，叙事主要分为文本叙事和视觉叙事两大类，后者是在前者的基础上通过图像这种更加生动的方式所进行的优化。在信息量剧增的 21 世纪，叙事是设计师改变世界的有力工具，其产生的意义与所维持的时间长度呈正关联，即系列的叙事越连贯长久，所生成的变革性也越强，同时连贯的叙事也更能够通过一致的体验激发视觉符号来唤醒用户的感知。随着产品、服务等体验交互的环境化，多元的叙事媒介也愈发重要，社会设计师不能仅拘泥于单一的表现形式，要善于发现、利用、掌握一切能够有效传达并接触受众的多样化媒介。

"Buero Bauer"团队为奥地利的 BIG 房产公司大楼设计的楼梯间壁画，设计师将运动对人们维持自身健康的重要性以图画的形式展现在公司楼道的墙壁上，

> 人工智能的发展及前景展望

生动的插图与简明扼要的文字相结合作为叙事的元素贯穿了人们上下楼的行程。当员工们经过楼梯间时，这种具有故事性的连贯图形能够吸引他们继续看下去。BIG房产公司通过这种方式来鼓励员工多使用楼梯和锻炼身体。

二、智能时代的新设计

人工智能是研究和开发用于模仿、延展和拓宽人类智能活动的理论、方法、技术及应用的综合性学科。2016年，互联网进入了第三次发展浪潮。得益于新的信息环境及数字技术，人工智能终于迎来了全面腾飞的盛况在互联网进入2.0时代之后，大数据、物联网和扩展现实等智能技术也逐渐渗入设计产业的绝大部分领域。

就像人类的左脑和右脑一样（图5-4-1），人工智能同样有专门模拟人类想象力、创造力及各类情感的右脑，其主要由AI中的分支——延展智能（Extended Intelligence，简称EI）构成。"创意"作为一个名词，从出现到今天仅有70多年的历史，其主要包含两大类：以艺术为代表的表达性创意和以设计为代表的功能性创意。然而，传统的基于规则（RULE）的人工智能无法实现设计师在创造和确定形式内容上的能力，更不用说模拟表达性的创意，这就需要基于"统计"即数据（DATA）的新一代人工智能。

人类的左脑 逻辑/语言/文学/数学/推理/分析	人类的右脑 图画/韵律/情感/创造/想象/感性
效率/功能/安全性/计算能力 AI-人工智能 AI的左脑	想象力/创造力/情感模拟…… EI-延展智能 AI的右脑

图5-4-1 人工智能的左右脑

（一）智能化设计需求

设计师的主要职责和核心竞争力是生产实践中创新能力的体现。商业模式下的设计工作存在大量无关设计思维的机械式工作，人工智能的介入可以有效减少这种重复性工作的占比。同时，设计活动本身是一个经验积累的过程，设计师们习惯于从过去的案例中总结汲取经验教训，形成个人的风格和特点。而算法具备一定的随机性和特异性，以智能设计作为辅助工具可以帮助设计师突破经验和逻辑方法的边界，提供灵感、激发创意，降低设计门槛。

（二）新的特征与诉求

1. 技术性设计创新

过去的社会设计常受制于技术匮乏和创新力不足，人工智能技术的运用属于高新领域，其复杂的技术性为社会设计引入了科学的创新视角，且衍生出的众多交互模式、技术链接及整合方法也强化了异质链接的过程。数字化本身具有收敛性和生成性的特征，后者是将过去的组件用新的方式组合，提供新的产品和服务，这使得数字化的创新边界可以不断延展。因此，可以预见，技术性创新模式能够有效契合并帮助实现社会设计的目标，提供有效的技术支持。设计已经成为继市场驱动和技术驱动之后的第三大创新驱动模式，不同于以渐进式创新为主的市场驱动创新，设计创新和技术创新同样都是颠覆式的突破创新模式。其中，设计驱动以产品的内在意义为创新点，技术驱动则以技术更新为重点，二者的有机结合是实现有意义的突破式创新的前提。

2. 交互式多边协作

如今要解决一个具体的社会问题往往会涉及多个领域的知识，多学科交叉就显得越发重要。虽然设计本身即综合性学科，但涉猎广泛难免会导致在研究深度上的欠缺，多方的有效参与是设计实践能够可持续发展的重要途径。设计师在展开设计活动及调研的过程中难免代入个人的感情与价值观，甚至影响到研究对象的状态和反馈。人工智能的多元化去焦点视角可以在一定程度上避免过于主观的社会介入结果，其所依赖的数据来源多为用户的无意识行为和个人习惯，不会因为环境变化而失真。设计师与设计对象的情感共鸣尤为重要，而人工智能可以提供一个有力的参考，帮助设计师在必要的时候维持客观性。

3. 量化需求定位

在数字化背景下，设计活动需要考虑的信息量指数级增长，用户数据已然成为重要资源，能够帮助设计师抓取出与问题相关的、影响用户使用的要素和原因。想要有效分析、认知、模拟并实现设计创意的智能化，处理大量的异构数据及量化需求是必要的先决条件。

"WordNet"数据库的出现使机器能够理解文字背后的语义，"ImageNet"数据库教会了机器识别图像中的内容，"DesignNet"数据集的出现使设计智能化成为可能。目前的 DesignNet 主要包含海量的设计案例图和结构化的平面设计框架，其中所有的设计元素都进行了二次标注分类（包括风格、情感、颜色等）和评价打分。这种以算法评价器为主的结构和数据简单的数据集较为稳定，负责训练人工智能的情感和风格解析能力，使其能够初步透过设计的多重维度来理解不同的元素对设计美观的影响力。

三、计算思维赋能社会设计

（一）多源异构需求评价

人工智能通过语义差别法和因子分析法可以将用户数据进一步进行量化描述并加以细分，把分布散乱的感性需求转化为规整直观的研究数据，通过定向设计来提升情感体验。社会设计在面向用户时主要传达着两种信息：以功能为主的功能性语义和以情感为主的情感性语义。定向设计的本质是在设计的形象定位与用户需求一致的前提下建立功能和情感语义间准确的关联性，确保导向出的设计结果在越发复杂的环境中产生有效的需求匹配。

大数据是一个动态开放的生态系统，能够随着用户行为、生产实践活动乃至社会动态的变化而不断更新，其具有来源多样化、类型多样化、海量、实时、随机性等特点。同时，产品内置的智能程序也能自主对外界的行为和环境信息进行一定的语义分析，用户的正负向反馈和特定需求将被更加及时地捕捉并进行改进。

对数据进行初步清洗和贴标签之后，可以进一步借助生成对抗网络（Generative Adversarial Network，简称 GAN）对数据进行分析和评价分级。GAN（图 5-4-2）是一种机器深度学习的神经学网络模型，具有自主、高效率、对信息自适应的关联和分类特性等优点,主要由生成模型和判别模型两大部分组成。生成模型可以通过学习大量已有的图像自主生成新的样本,而后交由判别模型与真实的数据或作品进行鉴别筛选,分析出样本与数据之间的差异性,厘清不同元素的语义、模式、趋势和相关性。GAN 的用户分类和信息分析功能可以有效促进社会设计的多元化精准传达,而诸如"CycleGAN""StackGAN"等图像处理生成对抗网络的出现也极大程度地方便了社会设计中叙事意义的构建,赋能文字—图像的视觉叙事转化过程。

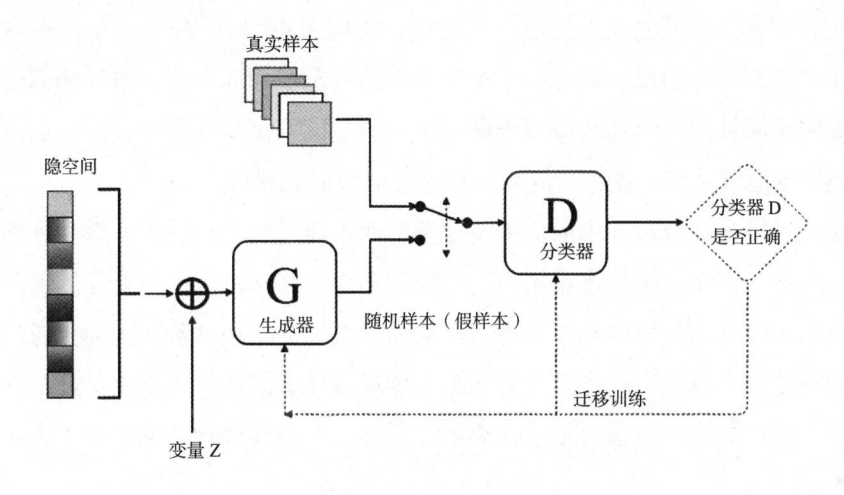

图 5-4-2　生成对抗网络

(二)异质链接协同设计

我国自 2015 年起积极实施"互联网+"知识社会创新 2.0 战略,利用信息技术与平台整合各类资源,以实现资源快速链接与分配。这种经济模式不仅体现了互联网思维的核心——链接整合,更成为技术创新与设计思维完美融合的典范。随着智能家居、智能交通、智慧城市等领域的快速发展,人工智能已深入社会生产和日常生活的方方面面。

在这一背景下,设计师纷纷采用链接整合方法,运用跨领域知识,包括服务设计、产品设计和信息设计等,结合当地传统文化与先进技术,推动民族,特别是乡村文化与现代生活的融合。设计师需要深入挖掘传统文化资源,将传统元素与现代设计理念相结合,创造出既具有民族特色又符合现代审美需求的产品。

现阶段,设计已不再是单纯的艺术表达或功能实现,而是与社会、文化、科技等多方面紧密相连的综合性活动。社会设计的核心在于促进多方合作和共同设计，这种设计理念不仅强调设计师的创意，更重视社会各界的参与和反馈。参与式设计作为社会设计的一个重要分支，将用户和其他利益相关方融入设计过程中，使设计更具包容性和实用性。设计师们不再局限于个人的思考，而是开始跨越地域、专业领域和群体，与各方人士共同合作，探索更多的可能性。这种集体创作的模式不仅拓宽了设计的视野，也提高了设计的质量和影响力。

与此同时，设计所处环境的复杂性也日益显现。为了应对这些挑战，设计师们开始利用先进的科技工具，如 XR 技术、快速 3D 打印、环境信息传递器以及信息建模系统等，为设计创意作品提供全新的展示层面和方式。设计师们还开始探索将实时演算的芯片功能应用于设计中。通过模拟虚拟世界，设计师们可以更方便地展示思维过程，使作品的修改和完善变得更加高效。

智能系统在社会设计中的应用也愈发广泛。通过整合传感器、设计软件和其他硬件设备，智能系统促进了用户、设计师和作品之间的互动与合作。这种互动不仅提高了设计的参与度和体验性，也增强了设计的实用性和吸引力。通过集结众人的智慧和力量，设计师可以更加深入地理解社会问题，提出更具针对性的解决方案。这种群体智慧的力量不仅推动了更多人参与设计理念的实践，也促进了社会的和谐与进步。

（三）设计推动数字创新

设计作为一种跨学科的方法论，其独特的视角和思维方式，使得设计在数字创新领域中具有不可替代的地位。设计思维强调从人的需求出发，以用户为中心，将技术与人的需求相结合，创造出真正符合用户需求的产品和服务。在数字化时代，技术的快速发展使数字创意的灵活性和效率得到了极大地提升，但也带来了初始结构不完备和难以管理的挑战。设计师通过追溯推理，深入挖掘用户需求和场景，从而发现未来可能的发展方向和需求，为数字创新提供了有力的支持。

设计思维注重整体性和系统性，能够将碎片化的数字技术整合在一起，形成一个完整的解决方案。数字技术虽然降低了通信费用，促进了各种链接方式的发展，但如何将这些技术整合在一起，为用户提供更好的服务，却是一个巨大的挑战。设计师通过其独特的视觉化、直观化的思维方式，能够将这些碎片化的数字技术整合在一起，形成一个完整、连贯的用户体验。

传统的创新方式常常呈现为片段化、线性的，而数字创新则是一种探索性社会互动过程，需要具备设计思维的领导者或设计师来引领和整合创新实践。设计师通过不断地尝试和迭代，不断地优化产品和服务，为数字创新提供了源源不断的动力。

四、相关伦理及衍生问题思考

人工智能的高度智能可能会像工业革命一样给世界带来深刻的变革，但相应的风险和问题也同样需要人们多加关注。计算机雕塑家伯恩海姆（J.W.Bumham）在《智能系统的美学》一文中曾写道："在谈论人类与计算机的关系时，究竟是以一种自豪且积极向上的态度，抑或抗拒和反对的态度，其实都源自人类对工业革命以来这种机械化趋势的不信任。"[1]19世纪中叶，伟大的社会思想家卡尔·马克思就对英国的大工业生产进行了深刻的批判，提出了"异化"理论。他认为，随着机器逐渐取代人类，原本由人类主导的生产和工作原理开始被机器所左右。这种转变不仅改变了生产方式，更对人类的心理和社会结构产生了深远的影响。马克思的"异化"理论揭示了技术发展的双刃剑效应。一方面，技术的不断进步确实使人类超越了自身的生理极限，实现了前所未有的突破和创新。从工业革命时期的蒸汽机到现代的人工智能，技术一直在推动着人类社会的进步。另一方面，技术也带来了人类身心逐渐分离的风险，使人逐渐变得"非人"，即失去了自身的本质和尊严。这种人与技术之间的互动悖论，成为技术伦理学领域的重要议题。

在人工智能飞速发展的今天，如何确保技术与人们的道德标准和伦理纲常保持一致，成为一个亟待解决的问题。人工智能技术的广泛应用，不仅涉及个人隐私、数据安全等问题，更涉及人类价值观、道德观和伦理观的挑战。因此，我们需要在推动技术发展的同时，加强对技术伦理的关注和思考。

随着科技的飞速发展，人类与技术之间的融合已经愈发紧密。我们生活在一

---

[1] 曹小鸥.未来设计与"超人"的世界[EB/OL].（2021-08-17）[2023-09-12].https://mp.weixin.qq.com/s?__biz=MjM5MDUyNTY0MA==&mid=2650304949&idx=1&sn=ffa9d0c104f8cd23f3fec79d6216e263&chksm=be4fa01289382904275205ec822f28d7ec232404d9d525f1992488ba01c6b5a3e9ff12ec968b&scene=27.

个充满计算和移动技术的时代,这些要素如同空气和水一般,成为我们生活中不可或缺的组成部分。在这样一个背景下,我们正在逐步迈向一个被称为"后人类"的新时代,这个时代充满了无限的可能性,也伴随着诸多争议。

在这个"后人类"时代,一个备受争议的话题便是人造物是否有可能成为道德主体。随着人工智能技术的不断进步,特别是进入深度学习阶段后,人工智能已经能够在无人类干预的情况下独立学习并创造新内容。这已经达到了令人瞩目的程度,其创作出的作品有时甚至可以与人类的作品相媲美。然而,尽管人工智能在创造性方面取得了显著进展,从道德和法律的角度来看,它仍然无法被视为一个独立的个体。人工智能在本质上仍然是一种算法和数据处理系统。尽管它具备了强大的计算能力和学习能力,但它并没有自己的意识、情感或价值观。这意味着人工智能无法像人类一样,能够自主作出道德判断或承担道德责任。

目前,智能设计正逐渐成为设计领域的新宠。智能设计的出现,无疑为设计师们提供了更多的创作可能性。在传统的设计过程中,设计师们通常需要花费大量时间进行调研、分析和构思,而智能设计则能够通过深度学习、数据挖掘等技术,为设计师提供更为精准的数据支持和创意灵感。这不仅大大提高了设计效率,还使得设计作品更加符合市场需求和用户期望。

然而,随着智能设计的广泛应用,其背后的道德问题和社会影响也逐渐浮出水面。例如,当智能设计能够自主创作时,我们如何界定其创作的原创性和知识产权?当智能设计作品广泛应用于社会各个领域时,我们又如何评估其对人类价值观、社会伦理的影响?

为了应对这些挑战,一些学者开始尝试通过道德实体化和推理设计等方法来探索解决方案。他们运用丰富的想象力,设计出一系列虚拟场景和思想实验,以揭示智能设计可能带来的潜在问题。这些场景和实验不仅让我们更加直观地了解智能设计的潜在风险,还引导我们深入思考如何改进决策和行为,以实现社会改善和预防技术潜在风险的目标。

在这一过程中,社会设计的理念和目标得到了充分体现。社会设计强调设计不仅要满足个体的需求,还要关注社会整体福祉。通过道德实体化和推理设计等方法,我们不仅能够表达看法或提供解决方案,更能够通过设计启发公众思考,引导人们关注智能设计背后的伦理道德问题。

当然，智能设计的发展也给从业者带来了新的挑战。随着软件和技术技能的普及，从业者可能会过度依赖这些工具，从而失去独立思考和创新的能力。然而，这也为设计的核心价值观提供了新的发展机遇。因为情感和感性是人类独有的特质，是机器无法模拟的。在智能设计的时代，我们应该更加注重挖掘和表达这些特质，让设计作品更加具有人文关怀和情感共鸣。

社会设计作为连接不同部门合作发展的桥梁，具有深远的意义。它不仅是一种设计理念，更是一种全新的社会行动方式。人工智能作为一种新兴技术，展现出了巨大的潜力和价值。它具有多样性、高效率和精确度的特点，能够有效地支持异质链接过程，并填补社会设计方面的不足。通过人工智能技术，我们可以更好地分析数据、预测趋势、优化方案，从而为社会设计提供更加科学和可靠的支持。

然而，人工智能的意义并不仅仅在于技术支持，更在于其对社会和文化的深远影响。这就要求我们将人工智能与设计传播相结合。通过设计传播的过程，我们可以将人工智能的理念和价值传递给更广泛的人群，从而引发更多的思考和讨论。同时，我们也可以通过设计传播的方式，将人工智能的应用场景和效果展示给更多的人，从而激发更多的创新和灵感。

在当前的社会背景下，城市化和科技进步使得人们消费水平大幅增加，这对商业文化和社会文明的进步都产生了重要影响。在这个过程中，互联网思维的演进与技术的改进相融合，为我们提供了新的商业生态系统。通过互动、体验和服务等方式，我们可以构建更加紧密和高效的商业生态系统，从而助推传统产业的转型和升级。

随着算法技术的不断发展和优化，我们可以更加准确地预测用户需求和市场趋势，从而为社会设计提供更加科学和可靠的支持。在未来，设计、艺术、科技和生活将更加紧密地融合在一起。我们将更加注重创新和创意的发挥，将前沿技术转化为贴近生活的内容。同时，我们也将更加注重为人类和社会提供服务，以解决当前面临的各种难题和挑战。在这个过程中，社会设计将发挥更加重要的作用，成为连接不同部门和领域的重要桥梁和纽带。

> 人工智能的发展及前景展望

第五节 人工智能在电气自动化领域的发展前景

随着科学技术的迅猛发展，我国电气自动化领域越来越呈现出自动化、智能化的发展趋势，而其中以人工智能技术的发展最为迅猛。人工智能技术在电气自动化领域当中的应用，极大地推动了电气自动化领域的发展。

一、电气自动化中人工智能的应用优势

人工智能技术飞跃发展，近年来已经渗透到我们生活的方方面面。其带来了前所未有的便利，同时也推动了社会各领域的进步与创新。其中，电气自动化领域尤为引人瞩目，人工智能技术在此领域的应用优势愈发凸显。对这一技术领域的深入研究不仅有助于推动电气自动化行业的持续发展，而且可以为未来的研究提供坚实的理论基础。

在电气自动化领域，人工智能技术的应用主要体现在以下三个方面：

（一）抗干扰能力增强

在传统的电气自动化控制系统中，许多任务需要人工干预，这可能会导致人为错误的发生，给生产带来不必要的损失和风险。为了应对这些挑战，人工智能技术应运而生，通过巧妙运用人工智能技术，电气自动化控制系统能够有效提升抗干扰能力。这一技术能够在各种复杂环境下，实现自动化、智能化的设备控制，减少人为干预的需要，从而降低人为错误的发生率。同时，人工智能技术还能够在数据采集、分析和处理方面发挥重要作用，帮助系统更好地应对各种不确定因素，提升整体稳定性和可靠性。

将人工智能技术融入电气自动化领域，意味着技术人员无须耗费大量时间和精力去准确设定设备参数。他们只需根据技术功能进行适当调整，并确保数据参数处于合适范围内，系统就能够自动完成剩余的任务。这种智能化的管理方式，不仅提高了工作效率，还降低了技术人员的工作压力。

在电气自动化运动中，人工智能技术将扮演重要角色。它能够实时采集各种数据，并根据表现严格筛选数据，确保系统能够获取到最准确、最有价值的信息。在此基础上，人工智能技术会发出必要的指令，以保障设备的正常运行。这种智

能化的控制方式，使得电气自动化系统能够更加灵活地应对各种变化，提高生产效率和质量。

（二）提升电气自动化控制水平

随着技术的不断进步，传统的电气自动化控制方法已经无法满足现代工业对高精度、高效率的需求。在这个背景下，正确运用人工智能技术成为实现电气自动化控制技术创新和升级的重要途径。人工智能技术以其独特的优势，能够自动采集、整理和评估海量的数据。通过机器学习、深度学习等算法，人工智能技术可以不断地从数据中提取有用的信息，对电气自动化控制系统进行智能优化。这种智能优化不仅可以提高自动化操作的精确性，还可以减少人为因素带来的误差，提高整个系统的稳定性和可靠性。人工智能技术还可以显著提升电气自动化控制系统在生产和流通方面的效率。传统的电气自动化控制系统往往需要人工进行监控和调整，而人工智能技术则可以实现自动化监控和自动调整。这样不仅可以减少人力成本，还可以提高系统的运行效率，从而为企业创造更大的经济效益。

随着人工智能技术的不断发展，其在电气自动化控制领域的应用也将越来越广泛。未来，人工智能技术将与电气自动化控制技术深度融合，推动电气自动化控制技术向更高层次、更广领域发展。

（三）提升电气自动化控制效率

利用人工智能的高效处理能力，我们可以显著提升电气自动化设备的数据采集效率，实现生产数据的实时获取和应用。通过人工智能技术，我们可以实现自动化、智能化的数据采集，大大提高了数据采集的准确性和效率。这种技术的运用，使得企业可以实时获取生产数据，及时了解生产情况，同时为决策提供有力的数据支持。

人工智能技术的引入使得设备的运行性能得到了显著提升。通过对生产数据的实时分析，人工智能可以预测设备的运行状态，及时发现潜在问题，从而及时进行维护和调整。通过实时收集和分析设备的运行数据，人工智能可以评估设备的状态，模拟潜在故障，并及时发现问题。这种预警功能的实现，使得企业可以在故障发生前进行及时的维护和处理，避免生产中断和损失。

➤ 人工智能的发展及前景展望

二、人工智能技术在电气自动化领域的应用

（一）电气设备设计中的应用

电气设备设计在电气自动化领域扮演着至关重要的角色，它是将电气自动化理念转化为现实的第一步，也是电气自动化技术得以应用的关键环节。电气设备设计不仅仅是单纯的技术操作，更是一项要求综合多领域知识的复杂任务。这涉及电气工程、计算机科学、数学、物理学等多个学科的知识，需要设计师具备深厚的理论基础和丰富的实践经验。

随着科技的不断进步和我国经济的持续发展，电气设备的应用范围越来越广泛，对电气设备设计的需求也日益增长。传统的电气设备设计方法已经无法满足现代社会的需求，其烦琐的工作流程、复杂的设计计算以及高昂的成本等问题日益凸显。这些问题不仅影响了电气设备设计的效率和质量，还在一定程度上限制了电气自动化技术的发展。

为了应对这些挑战，我们需要引入先进的科技手段来提升电气设备设计的水平和效率。其中，人工智能技术的应用为电气设备设计领域带来了革命性的变革。人工智能技术通过模拟人类的思维过程和学习能力，可以实现从人类设计经验向计算机设计电气设备的转变。这种转变不仅简化了复杂计算公式的运算过程，提高了设计的准确性和科学性，还大大降低了设计人员的技能要求，缩短了设计周期，降低了设计成本。通过对大量设计数据的挖掘和分析，人工智能技术可以帮助设计师快速找到设计的规律和趋势，为设计提供有力的数据支持。另外，人工智能技术可以通过智能算法和模拟仿真等技术手段，对设计方案进行优化和评估，帮助设计师找到最优的设计方案。通过训练和设计，人工智能系统可以自动完成一些常规性的设计任务，如绘制电路图、计算电气参数等。这不仅大大提高了设计效率，还降低了设计人员的劳动强度。

（二）电气控制中的应用

在电气控制领域，人工智能技术主要通过神经网络控制、专家系统和模糊控制等方法得到应用。其中，模糊控制以其独特的优势在实际应用中脱颖而出。相较于神经网络控制和专家系统，模糊控制更为简单直接，与生产活动紧密相连，

使得其在实际操作中更具可行性。模糊控制的核心思想是通过模拟人类决策过程，实现对复杂系统的有效控制。它不需要建立精确的数学模型，而是基于经验数据和专家知识，通过模糊逻辑推理来实现对系统的控制。这种控制方式在电气控制中具有广泛的应用前景，尤其是在处理不确定性和非线性问题时，其优势更为显著。

（三）电力系统中的应用

在电力系统领域，人工智能技术主要聚焦于专家系统、神经网络系统和模糊集理论这三大方向的发展，它们在电力系统的智能化升级中扮演着举足轻重的角色。

专家系统是人工智能技术在电力系统中的一个重要应用。这一系统具备实时更新数据库的功能，这意味着它能够在第一时间获取到最新的电力数据，从而确保服务质量的稳定和可靠。不仅如此，专家系统还能够在运行过程中不断积累经验，通过自我学习和优化，逐步提高其预测和决策的准确性。在电力系统中，专家系统可以协助工程师进行故障诊断、负荷预测、优化调度等任务，这大大提高了电力系统的运行效率和安全性。

神经网络系统在电力系统中的应用同样不容忽视。通过模拟人类神经网络的结构和功能，神经网络系统能够学习和识别复杂的电力数据，为电力系统的智能化提供强大的支持。例如，神经网络系统可以应用于电力负荷预测，通过对历史数据的分析学习，构建出准确的预测模型，为电力系统的调度和运行提供科学依据。

模糊集理论在电力系统中的应用则主要体现在对不确定性和模糊性的处理上。在电力系统中，由于各种不确定因素的影响，如负荷波动、设备老化等，使得电力系统的运行状态具有一定的模糊性。模糊集理论通过引入模糊集合和模糊逻辑的概念，能够对这些模糊信息进行有效的处理和分析，从而为电力系统的决策和优化提供有力的支持。

（四）日常操作中的应用

随着科技的飞速发展，人工智能技术已经悄然融入了我们的日常生活，带来了前所未有的便捷与高效。从自动生成报告到自动存储数据和文件，再到实时操

> 人工智能的发展及前景展望

作电脑程序，AI技术在日常操作中的应用已经显著简化了任务流程，让日常管理工作变得轻而易举。值得一提的是，这项技术正逐渐渗透到电力系统领域，展现出其巨大的发展潜力和无限的前景。近年来，越来越多的行业开始探索AI技术的应用，其中电力系统便是一个重要的领域。随着全球能源结构的转型和电力系统的智能化升级，AI技术正逐渐成为未来电力系统发展的重要趋势。

三、电气自动化控制中人工智能技术的发展前景

（一）提升日常操作效率

在传统的电气自动化设备操作中，员工需要到设备现场进行操作，这不仅需要耗费大量的时间和精力，还会受到环境、安全等因素的限制。而通过人工智能技术，员工可以远程控制设备，无须亲自到现场，大大提高了操作的便捷性和安全性。同时，人工智能技术还可以优化设备的界面设计，使之更易于操作、更友好并具备智能化特性。这样一来，即便是缺乏专业技术知识的用户也能方便地使用电气自动化设备，促进了设备的广泛应用。

除了提高操作的便捷性和安全性，人工智能技术还能实时监测电气自动化设备的运行数据。在传统的设备操作中，所有数据都必须手动输入，这种方式不仅会妨碍工作效率，还会影响数据的准确性。而通过人工智能技术，设备可以自动记录和分析运行数据，实时监测设备的运行状态，及时发现异常情况，为设备的维护提供准确的数据支持。企业可以更加精准地进行设备维护，减少设备故障的发生，提高企业的生产效率。

此外，人工智能技术还可以通过数据分析和预测，帮助企业对电气自动化设备的运行情况进行预测和优化。通过对历史数据的分析，人工智能可以预测设备的寿命、维护周期等信息，为企业制订更加科学的设备维护计划提供依据。同时，人工智能还可以对设备的运行参数进行优化，提高设备的运行效率，降低能源消耗，为企业节约能源成本。

（二）诊断设备故障

在人工智能技术应用之前，许多工厂或企业通常需要依赖人力进行设备故障的排查。这种方式不仅需要耗费大量的人力和物力，同时也可能难以及时发现潜

在的安全风险,从而导致设备故障。例如,在检查电气自动化设备中的变压器时,技术人员需要获取变压器油样本,并通过化学方法分析其中的气体成分。这个过程需要花费大量的时间和精力,并且操作相对烦琐。随着人工智能技术的不断发展,越来越多的企业开始尝试将人工智能应用于电气自动化设备的监控和管理中。通过合理利用人工智能技术,我们可以实现对电气自动化设备的实时数据采集和分析,从而监控设备的运行状态,及时发现潜在的安全风险。这种技术可以自动分析设备运行数据,并根据数据的变化情况来判断设备的运行状态。一旦发现异常情况,系统可以立即发出警报,提醒技术人员及时处理。

此外,人工智能技术还可以通过对设备运行数据的分析,预测设备可能出现的故障,并提前进行维护和修复。这不仅可以减少设备故障的诊断难度,确保设备稳定运行并提高安全性,还可以降低企业的维护成本,提高生产效率,创造更多的经济利益。

(三)监控电子自动化控制系统

电气自动化设备在现代工业中扮演着至关重要的角色,它们的正常运行高度依赖于所配备的电气自动化控制系统。因此,要提升电气自动化技术水平,我们必须持续关注并努力提高控制系统的智能化和自动化程度。

电气自动化控制系统的智能化和自动化程度对于设备的运行效率、稳定性和安全性具有决定性的影响。操作人员必须具备坚实的电气自动化专业知识和技能,同时还需要掌握广泛的相关领域知识。只有这样,他们才能在设备运行期间准确地监测和调控设备的温度,从而避免意外事件的发生。

在电气自动化设备的运行过程中,温度是一个非常重要的参数。过高的温度可能会导致设备损坏或性能下降,而过低的温度则可能影响设备的正常运行。因此,操作人员需要时刻关注设备温度的变化,并采取相应的措施来保持设备在适宜的温度范围内运行。

为了提高对设备温度的监控效率,我们可以利用人工智能技术来监测电气自动化控制系统中的实时数据。通过收集和分析这些数据,我们可以准确地获取设备运行时的温度信息,并在温度超出设定范围时立即发送信号。这样,操作人员就可以迅速地对设备的运行状态进行调整,确保设备保持在适宜的温度范围内。

➢ 人工智能的发展及前景展望

这种基于人工智能技术的温度监控方法不仅可以大大提高监控效率，而且可以节约大量的人力物力成本。通过自动化的监测和调整设备温度，我们可以确保设备的运行效率得到最大程度的提升，同时也能确保设备的安全稳定运行。这对于提高整个工业生产的效率和稳定性具有非常重要的意义。

（四）实施企业自动化设计

人工智能技术的引入，使得电气自动化控制领域发生了深刻的变革。传统的电气自动化技术往往局限于特定的设备和系统，而人工智能技术的加入，使得电气自动化技术变得更加分散和开放。这意味着，企业可以更加灵活地运用人工智能技术，实现电气设备的自动化和智能化。

在这个过程中，人工智能技术的引入为企业带来了新的设计理念和指导方针。企业可以根据实际需求，定制适合自己的电气自动化控制方案，提升设备的智能化水平。这不仅提高了企业的生产效率，还降低了人力成本，为企业带来了更多的经济效益。此外，随着分布式电气自动化控制模块的应用，企业可以更加有效地管理多种风险，提升系统的稳定性。这种分布式控制模块的设计，使得电气自动化系统能够更加灵活、稳定地运行，有效应对各种复杂情况。这无疑为企业提供了更加可靠、高效的电气自动化解决方案。

参考文献

[1] 曾照华，白富强.人工智能核心技术解析及发展研究 [M].成都：电子科技大学出版社，2023.

[2] 程凤伟，任晶晶.人工智能实现技术及发展研究 [M].北京：中国原子能出版社，2019.

[3] 谭阳.人工智能技术的发展及应用研究 [M].北京：北京工业大学出版社，2019.

[4] 袁红春，梅海彬.人工智能应用与开发 [M].上海：上海交通大学出版社，2022.

[5] 徐戈，吴景岚，林东亮.大数据与人工智能应用导论 [M].成都：电子科技大学出版社，2019.

[6] 刘丽，鲁斌，李继荣，等.人工智能原理及应用 [M].北京：北京邮电大学出版社，2023.

[7] 中国发展研究基金会.人工智能在医疗健康领域的应用 [M].北京：中国发展出版社，2021.

[8] 安俊秀，叶剑，陈宏松.人工智能原理、技术与应用 [M].北京：机械工业出版社，2022.

[9] 陈宇，雷春.人工智能在教育治理中的应用与发展 [M].武汉：华中科技大学出版社，2021.

[10] 申时凯，佘玉梅.人工智能时代智能感知技术应用研究 [M].长春：吉林大学出版社，2023.

[11] 肖波，梁孔明.人工智能入门实践 [M].北京：北京邮电大学出版社，2023.

[12] 袁方.人工智能与社会发展 [M].保定：河北大学出版社，2023.

[13] 谷宇.人工智能基础[M].北京：机械工业出版社，2022.

[14] 郭军.信息搜索与人工智能[M].北京：北京邮电大学出版社，2022.

[15] 徐卫，庄浩，程之颖，等.人工智能算法基础[M].北京：机械工业出版社，2022.

[16] 柳海涛.人类意识与人工智能[M].上海：上海交通大学出版社，2023.

[17] 王静逸.分布式人工智能[M].北京：机械工业出版社，2020.

[18] 谭英丽，田雪莲，张智恒.人工智能应用技术与计算机教学研究[M].北京：中国商务出版社，2023.

[19] 王维莉.人工智能赋能智慧社区[M].上海：上海科学技术出版社，2021.

[20] 董洁.计算机信息安全与人工智能应用研究[M].北京：中国原子能出版传媒有限公司，2022.

[21] 林坡.人工智能在汽车驾驶技术领域的应用与发展[J].中国设备工程，2023（23）：40-42.

[22] 韩晓光，朱小龙，姜宇桢，等.人工智能与机器人辅助医学发展研究[J].中国工程科学，2023，25（5）：43-54.

[23] 许雪晨，田侃，李文军.新一代人工智能技术（AIGC）：发展演进、产业机遇及前景展望[J].产业经济评论，2023（4）：5-22.

[24] 于浩，张文兰，杨雪琼.生成式人工智能在教育领域的应用、问题与展望[J].中国成人教育，2023（7）：30-36.

[25] 吴梓豪.论人工智能在电气设备中的应用及其前景[J].现代商贸工业，2020，41（21）：209.

[26] 李雅婷.浅谈大数据时代背景下AI人工智能发展与展望[J].中国管理信息化，2019，22（24）：146-147.

[27] 孙智鑫.人工智能的应用情况与发展概述[J].科技传播，2019，11（2）：153-154.

[28] 黄鼎曦.基于机器学习的人工智能辅助规划前景展望[J].城市发展研究，2017，24（5）：50-55.

[29] 王金国.人工智能的发展前景预想与展望[J].科学咨询（科技·管理），2016（10）：36.

[30] 陈辉. 人工智能在数字经济发展中的应用研究 [J]. 网络安全和信息化, 2023（8）：11-14.

[31] 冀永曼. 人工智能技术及其在机械设计中的应用与发展趋势 [J]. 农机使用与维修, 2023（9）：76-78.

[32] 曾振宇. 人工智能在我国农业发展中的应用与优化路径 [J]. 乡村科技, 2023, 14（17）：140-143.

[33] 高明. 人工智能在物流行业的应用与发展探讨 [J]. 全国流通经济, 2023（17）：30-33.

[34] 程承坪. 人工智能的发展趋势与就业形态变化 [J]. 人民论坛·学术前沿, 2023（16）：26-35, 85.

[35] 李婷婷, 曹丽. 人工智能拟人化研究的发展与展望 [J]. 海峡科技与产业, 2023, 36（8）：15-19.

[36] 毕道伟. 人工智能赋能核电产业发展 [J]. 质量与标准化, 2023（8）：13-15.

[37] 赵亚平, 黄毅, 李虹, 等. 人工智能技术在军事情报领域的应用与发展 [J]. 指挥控制与仿真, 2023, 45（4）：36-43.

[38] 胡艳, 陈曦. 人工智能、区域创新能力与产业结构升级——基于中国工业机器人的经验证据 [J]. 商学研究, 2023, 30（4）：60-71.

[39] 李文军, 李玮. 新一代人工智能促进高质量发展的理论逻辑和政策建议 [J]. 新型工业化, 2023, 13（8）：5-8, 14.

[40] 徐思彦. 生成式人工智能：发展演进及产业机遇 [J]. 人工智能, 2023（4）：43-50.

[41] 冯瑾毅. 基于多源数据融合的人工智能发展脉络感知研究 [D]. 北京：军事科学院, 2021.

[42] 李冰洁. 人工智能技术对人类社会发展的影响研究 [D]. 西安：陕西师范大学, 2021.

[43] 张之晗. 人工智能技术对制造业竞争力的影响研究 [D]. 郑州：河南财经政法大学, 2021.

[44] 蒲松杨. 人工智能对全球治理的挑战与中国应对研究 [D]. 湘潭：湘潭大学, 2021.

[45] 严艳芬. 人工智能时代人类美好生活实现研究 [D]. 桂林：广西师范大学，2021.

[46] 刘梦杰. 我国人工智能新阶段的基本格局和动力机制 [D]. 开封：河南大学，2020.

[47] 余芳. 新兴科技全球治理研究 [D]. 北京：北京外国语大学，2019.

[48] 顾炜. 基于大数据的人工智能发展战略研究 [D]. 天津：天津大学，2019.

[49] 李敏. 人工智能：技术、资本与人的发展 [D]. 武汉：中南财经政法大学，2018.

[50] 张如如. 基于人工智能的医学影像辅助诊断关键技术研究 [D]. 北京：北京邮电大学，2023.